46亿年的奇迹

地球简史

日本朝日新闻出版 著

徐奕 贺璐婷 译

显生宙 中生代 3

人民文学出版社
PEOPLE'S LITERATURE PUBLISHING HOUSE

专 家 导 读

冯伟民先生是南京古生物博物馆的馆长，是国内顶尖的古生物学专家。此次出版“46亿年的奇迹：地球简史”丛书，特邀冯先生及其团队把关，严格审核书中的科学知识，并作此篇导读。

“46 亿年的奇迹：地球简史”是一套以地球演变为背景，史诗般展现生命演化场景的丛书。该丛书由50个主题组成，编为13个分册，构成一个相对完整的知识体系。该丛书包罗万象，涉及地质学、古生物学、天文学、演化生物学、地理学等领域的各种知识，其内容之丰富、描述之细致、栏目之多样、图片之精美，在已出版的地球与生命史相关主题的图书中是颇为罕见的，具有里程碑式的意义。

“46 亿年的奇迹：地球简史”丛书详细描述了太阳系的形成和地球诞生以来无机界与有机界、自然与生命的重大事件和诸多演化现象。内容涉及太阳形成、月球诞生、海洋与陆地的出现、磁场、大氧化事件、早期冰期、臭氧层、超级大陆、地球冻结与复活、礁形成、冈瓦纳古陆、巨神海消失、早期森林、冈瓦纳冰川、泛大陆形成、超级地幔柱和大洋缺氧等地球演变的重要事件，充分展示了地球历史中宏伟壮丽的环境演变场景，及其对生命演化的巨大推动作用。

除此之外，这套丛书更是浓墨重彩地叙述了生命的诞生、光合作用、与氧气相遇的生命、真核生物、生物多细胞、埃迪卡拉动物群、寒武纪大爆发、眼睛的形成、最早的捕食者奇虾、三叶虫、脊椎与脑的形成、奥陶纪生物多样化、鹦鹉螺类生物的繁荣、无颌类登场、奥陶纪末大灭绝、广翅鲎的繁荣、植物登上陆地、菊石登场、盾皮鱼的崛起、无颌类的繁荣、肉鳍类的诞生、鱼类迁入淡水、泥盆纪晚期生物大灭绝、四足动物的出现、动物登陆、羊膜动物的诞生、昆虫进化出翅膀与变态的模式、单孔类的诞生、鲨鱼的繁盛等生命演化事件。这还仅仅是丛书中截止到古生代的内容。由此可见全书知识内容之丰富和精彩。

每本书的栏目形式多样，以《地球史导航》为主线，辅以《地球博物志》《世界遗产长廊》《地球之谜》和《长知识！地球史问答》。在《地球史导航》中，还设置了一系列次级栏目：如《科学笔记》注释专业词汇；《近距直击》回答文中相关内容的关键疑问；《原理揭秘》图文并茂地揭示某一生物或事件的原理；《新闻聚焦》报道一些重大的但有待进一步确认的发现，如波兰科学家发现的四足动物脚印；《杰出人物》介绍著名科学家的相关贡献。《地球博物志》描述各种各样的化石遗痕；《世界遗产长廊》介绍一些世界各地的著名景点；《地球之谜》揭示地球上发生的一些未解之谜；《长知识！地球史问答》给出了关于生命问题的趣味解说。全书还设置了一位卡通形象的科学家引导阅读，同时插入大量精美的图片，来配合文字解说，帮助读者对文中内容有更好的理解与感悟。

因此，这是一套知识浩瀚的丛书，上至天文，下至地理，从太阳系形成一直叙述到当今地球，并沿着地质演变的时间线，形象生动地描述了不同演化历史阶段的各种生命现象，演绎了自然与生命相互影响、协同演化的恢宏历史，还揭示了生命史上一系列的大灭绝事件。

科学在不断发展，人类对地球的探索也不会止步，因此在本书中文版出版之际，一些最新的古生物科学发现，如我国的清江生物群和对古昆虫的一系列新发现，还未能列入到书中进行介绍。尽管这样，这套通俗而又全面的地球生命史丛书仍是现有同类书中的翘楚。本丛书图文并茂，对于青少年朋友来说是一套难得的地球生命知识的启蒙读物，可以很好地引导公众了解真实的地球演变与生命演化，同时对国内学界的专业人士也有相当的借鉴和参考作用。

冯伟民

2020 年 5 月

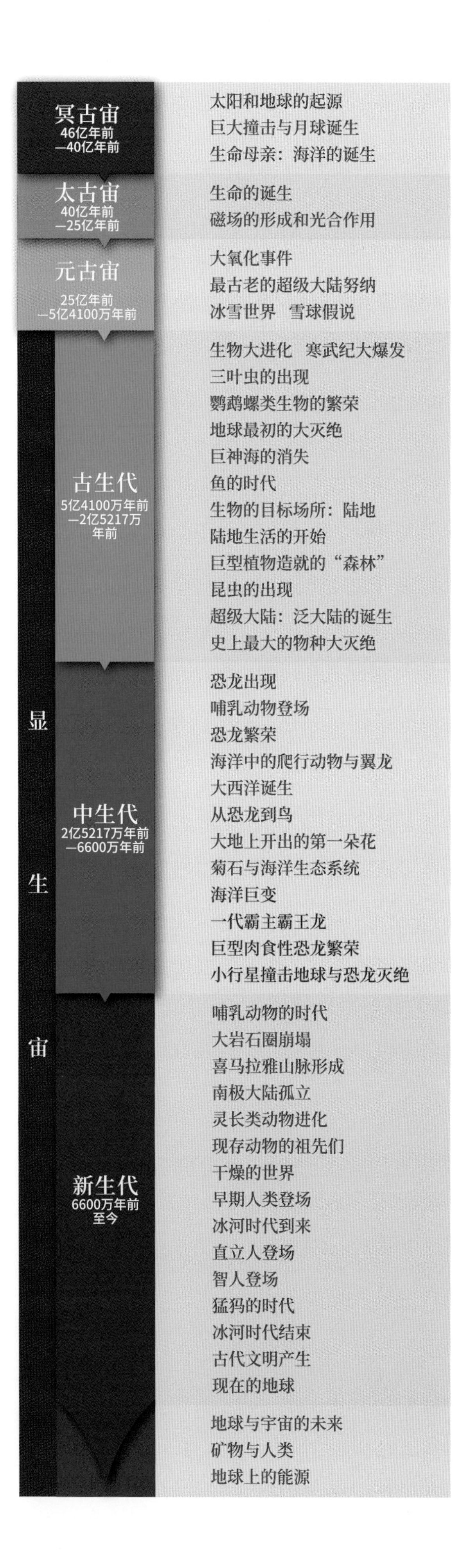

1 **海洋巨变**

4 地球的足迹
巨大海台上出现环礁

6 **荒芜的大海**

8 地球史导航
翁通爪哇海台
有史以来最大规模的火山爆发
形成了海底的巨大高原

13 原理揭秘
翁通爪哇海台是这样形成的

14 地球史导航
白垩纪的大洋缺氧事件
在恐龙最繁荣的时期
深海却是一片“死海”

19 来自顾问的话
探求白垩纪活跃的环境变动

20 地球史导航
钻石喷出事件
钻石像下雨一样纷纷落在地表

25 原理揭秘
钻石从诞生到喷出地表的全过程

26 地球博物志
钻石矿区

28 世界遗产长廊
黄龙

30 地球之谜
从电能中诞生的生命

32 长知识！**地球史问答**

CONTENTS

目录

33 一代霸主霸王龙

36 地球的足迹
邂逅恐龙之王的地方

39 史上最强悍的捕食者

42 地球史导航
最强恐龙的谱系
暴龙类的谱系起源于亚洲小型恐龙

46 地球史导航
王者的生活
体格、食性、生长率……
关于霸王龙的生活史

51 来自顾问的话
深入阐明霸王龙的捕猎能力

53 原理揭秘
霸王龙究竟是一种怎样的动物?

54 地球史导航
霸王龙的武器
霸主之所以成为霸主——
霸王龙强悍的秘密

59 原理揭秘
再现恐龙之王的捕食场面

60 地球博物志
霸王龙

62 世界遗产长廊
弗雷泽岛

64 地球之谜
绿光

66 长知识! 地球史问答

67 巨型肉食性恐龙繁荣

70 地球的足迹
世界最大的恐龙化石产地之一

72 恐龙时代的全盛时期

74 地球史导航
恐龙鼎盛期
多样化发展的恐龙
“恐龙最繁荣的时期”到来

79 来自顾问的话
谜之恐龙——恐手龙!

80 地球史导航
巨型肉食性恐龙繁荣
地球史上的最大规模!
大型肉食性恐龙称霸四方

85 原理揭秘
在世界范围内上演的巨型恐龙之战

86 地球史导航
植食性恐龙的进化
装备矛、盾和铠甲
植食性恐龙的武装化升级

91 原理揭秘
植食性恐龙的“武装”大揭秘!

92 地球博物志
恐龙化石的圣地

94 世界遗产长廊
格雷梅国家公园和卡帕多西亚岩窟群

96 地球之谜
黄金比

98 长知识! 地球史问答

99 小行星撞击地球与恐龙灭绝

102 地球的足迹
小行星的痕迹

105 恐龙灭绝的第一幕

108 地球史导航
小行星撞击
白垩纪末，“小行星撞击”之灾降临地球

112 地球史导航
撞击引起的环境变化
地球环境剧变引发生物大灭绝

117 来自顾问的话
天体撞击导致地球环境发生剧变

119 原理揭秘
白垩纪末的酸雨是这样形成的！

120 地球史导航
恐龙大灭绝
食物链崩塌
恐龙大灭绝倒计时

125 原理揭秘
从光合作用停止到恐龙大灭绝的始末

126 地球博物志
变质岩

128 世界遗产长廊
大沼泽地国家公园

130 地球之谜
候鸟

132 长知识！地球史问答

133 国内名校校长推荐

海洋巨变

1 亿 2000 万年前—8000 万年前

[中生代]

中生代是指 2 亿 5217 万年前—6600 万年前的时代，是地球史上气候尤为温暖的时期，也是恐龙在世界范围内逐渐繁荣的时期。

第 3 页　图片 / PPS
第 4 页　图片 / 盖蒂图片社
第 6 页　插画 / 小林稔　描摹 / 斋藤志乃
第 9 页　图片 / PPS
第 10 页　地图 / PPS
图表 / 三好南里
图表 / 黑田润一郎
第 11 页　图片 / 石川晃
图片 / 黑田润一郎
图片 / PPS
第 12 页　图片 / 黑田润一郎
插画 / 飞田敏
第 13 页　图表 / 布赖恩 · 泰勒
第 15 页　图片 / 白尾元理
第 16 页　地图 / 三好南里
图片 / 黑田润一郎
图片 / 日本东北大学博物馆
图片 / 山口博物馆
第 17 页　图表 / 三好南里（参考高岛零子等人的《温室世界和中世纪海洋》等资料绘制）
图片 / Aflo
第 18 页　图表 / 真壁晓夫
图片 / 照片图书馆
第 19 页　图片 / 安藤寿男
图片 / 詹姆斯 · 克兰普顿和长谷川卓
第 21 页　插画 / 真壁晓夫
第 22 页　图片 / 水上知行，金泽大学
图表 / 三好南里
第 23 页　地图 / C-Map
图片 / PPS
图表 / 三好南里
第 24 页　图片 / PPS
插画 / 飞田敏
第 26 页　图片 / 法新社 - 时事社 / HO / 力拓
图片 / 盖蒂图片社
图片 / 康斯坦丁 · 库利科夫 / 123RF.COM
图片 / PPS
第 27 页　图片 / 帕朗·热里
图片 / 盖蒂图片社
图片 / PPS
图片 / 法新社 - 时事社 / 彼得拉钻石公司
图片 / 阿玛纳图片社
第 28 页　图片 / 阿玛纳图片社
图片 / Aflo
第 29 页　图片 / Aflo
第 30 页　图片 / 联合图片社
第 31 页　图片 / 萨默塞特野生动植物信托基金协会 / 联合图片社
图片 / PPS
第 32 页　图片 / 阿玛纳图片社
图片 / PPS
图片 / 松原聪

—顾问寄语—

茨城大学教授　安藤寿男

地球在以往的 5 亿 4100 万年间，每过 3 亿年左右就在温室期和冰川期之间循环一次。
白垩纪是地球史上第二次温室期，是气候最为温暖的一个时期。
因为地球内部的能量增加，火山活动频繁，释放出大量具有温室效应的气体。
气候变动引发海洋环境变化，海底多次发生缺氧事件，使古地中海和大西洋流域沉积了大量黑色有机泥。
下面我们就来看看白垩纪时期的大海究竟发生了怎样的巨变。

巨大海台上出现环礁

翁通爪哇环礁位于所罗门群岛中部的圣伊萨贝尔岛以北约 250 千米处。所谓环礁指的是在火山岛周围形成的珊瑚礁，火山岛下沉后，它们就成了一圈环形的礁石。翁通爪哇环礁便成形于翁通爪哇海台之上，是在距今 1 亿 2000 万年前的海底出现的一个巨大海台。尽管巨大海台的诞生在地球史上举足轻重，可我们却很难看到它存在于海底的全貌。美丽的珊瑚礁成了白垩纪海底变化留给我们的珍贵痕迹。

翁通爪哇环礁

翁通爪哇环礁是位于所罗门群岛中部的圣伊萨贝尔岛以北约 250 千米处的环礁，总面积为 1400 平方千米，但它所包含的 120 多个小岛的陆地总面积只有 12 平方千米，其余均为礁湖。

荒芜的大海

这是距今约1亿2000万年的白垩纪的大海。海里生活着鱼类、蛇颈龙类、菊石类等多种生物，而在阳光照射不到的水下200米处，则完全是另一番景象。那里没有生命活动，四周一片死寂。岩浆从海底的无数条裂缝中静静地流淌出来，大量的火山气体被释放到大海和空气中，海底堆满了浮游生物及其他许多生物的遗骸。人类的肉眼探察不到引发这种巨变的罪魁祸首，那就是海域中氧气减少所造成的缺氧状态。科学家们发现在白垩纪的海洋里，此类缺氧事件曾爆发过十次以上。作为生命起源的大海突然没有了氧气，这样的巨变在古老的地球上竟频频发生。

※海底火山运动喷发出大量火山气体，促使全球气候变暖。于是，海水循环停滞，海底无法提供氧气，陷入无氧的状态。

翁通爪哇海台

有史以来最大规模的火山爆发形成了海底的巨大高原

在恐龙和菊石最为繁盛的白垩纪早期，地球上发生了有史以来最大级别的火山爆发，于是，海底出现了巨大的高原，即『海台』。

由于火山爆发形成了海底熔岩高原

距今约1亿2000万年的白垩纪早期，是以恐龙为代表的动物的繁盛期，地球上充满了前所未有的“生机”。然而，在这期间海底却开始发生新的变化。在太平洋底爆发了有史以来最大级别的火山活动，其痕迹至今仍残留在所罗门群岛北部。

历史上，泛大陆的断裂曾在二叠纪末引发火山活动，造成动物大量灭绝。之后，可与之匹敌的火山活动再次发生，这场持续了约100万到120万年的火山活动，最先影响了海底的地形。海底出现了由熔岩组成的大小约为地球表面积0.4%的巨大高原。被称作“翁通爪哇海台”的海底高原面积约为200万平方千米，相当于日本国土面积的5倍，它的厚度约为35～40千米。

如此巨大的“翁通爪哇海台”的形成，无疑对地球环境造成了很大的影响，包含生物在内的整个地球的历史从此揭开了崭新的一幕。

海台就像是海底长出来的一块大疙瘩。

由海底火山运动而引起热流喷发的模拟图

海底火山运动使海水接触到岩浆，滚烫的海水从海底的裂缝中喷射出来。翁通爪哇海台的火山运动除在大约 1 亿 2000 万年前发生过之外，在大约 9000 万年前也曾有过第二次爆发。

白垩纪时期形成的海台分布图

白垩纪时期，地球上形成了许多海台，其位置分布如下图。其中，翁通爪哇海台是最大的一个，面积至少是沙茨基隆起的 4 倍。

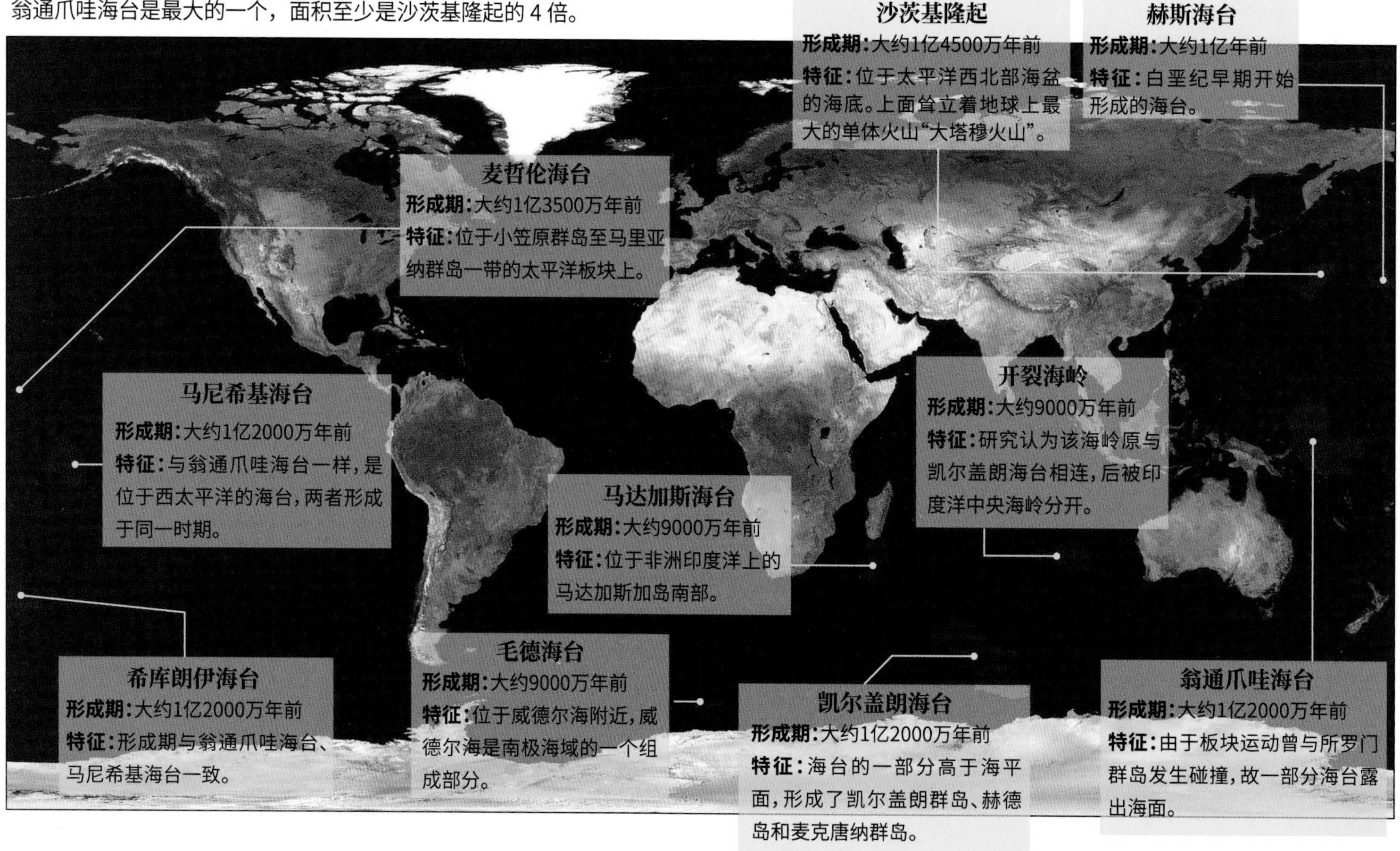

现在我们知道！

翁通爪哇海台清楚地表明了地球内部的活动

研究认为，白垩纪时期发生的有史以来最大级别的火山爆发，是由地幔下部产生的巨型高温上升流（热地幔柱[注1]）引起的。火山爆发喷射出大量岩浆，在世界各地的海域形成巨大海台[注2]和海底火山群。在形成翁通爪哇海台的太平洋底，除了马尼希基海台、沙茨基隆起和赫斯海台等有命名的巨大海台之外，还有由超过 100 座的海山组成的太平洋中部海山群，它们被统称为“大规模火成岩岩石区”[注3]。

翁通爪哇海台的海底地形图

翁通爪哇海台位于太平洋上的所罗门群岛北部、水深 1500 ～ 2000 米的海底。面积约 200 万平方千米，厚度达 35 ～ 40 千米。

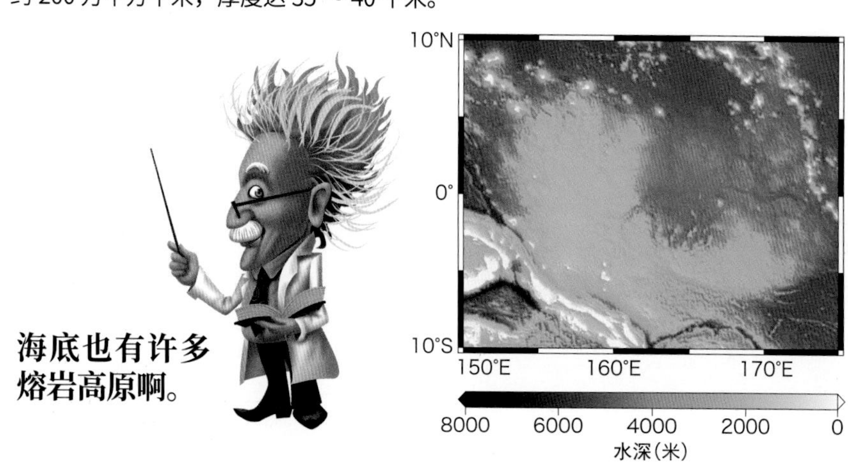

翁通爪哇海台是受陨石撞击形成的吗？

通过活跃的火山活动形成的巨大海台，通常先形成山脉的形状，顶部隆起露于海面之上，经过漫长的岁月后又没入海中。例如，在日本以东约 1600 千米的太平洋上，有一个沙茨基隆起，那里就保留着海台陆地化的痕迹。

然而，翁通爪哇海台却丝毫没有留下这种陆地化的痕迹，它的台地表面十分平坦。很多巨大海台当初都有过陆地化的经历，可为什么规模最大的翁通爪哇海台却完全不存在这个现象呢？

由于翁通爪哇海台具有其他巨大海台所没有的特征，便有学说认

露出地表的翁通爪哇海台

翁通爪哇海台形成时，并没有经过陆地化，而500万年前的板块运动，却使得它有部分被陆地化。所罗门群岛东北部马莱塔岛的桂莱河边有几处裸露的岩石，科学家们认为其应为翁通爪哇海台的一部分。

为它的形成与热地幔柱引发火山爆发无关，可能是陨石撞击的结果。这就是陨石撞击学说。

这一学说提出，巨大陨石撞击所产生的能量熔化了地壳和上地幔，形成岩浆，岩浆凝固后隆起形成高原。这样就不会出现山脉，也不会有露出海面的部分。

关于翁通爪哇海台的形成是由于地幔柱还是陨石撞击的争论，在2012年出现了一个新转机。科学家们发现在翁通爪哇海台形成的同一时期也出现了黑色页岩的沉积[注4]，对这个地层的化学组成进行研究分析后，没有找到支持陨石撞击学说的有力证据。

为什么翁通爪哇海台没有陆地化的痕迹，这仍然是一个未解之谜。要想解开它，就必须提取海台的沉积物。然而，科学家们尚未从由翁通爪哇海台发掘、切割出的沉积物中发现其陆地化的痕迹。

火山活动使得地球变暖

火山活动不仅在太平洋底形成了许多巨大的海台和海山，也极大地影响了整个地球的环境。由于海平面附近火山活动频繁，二氧化碳等具有温室效应的气体大量释放到大气中，全球变暖的脚步越来越快。

虽说变暖的只是气候，但这样快速又激烈的环境变化必然会对当时的生物产生影响。

于是，那些从二叠纪大灭绝中死里逃生、不断进化的生物，又一次陷入了生死危机。

观点碰撞 顽强的陨石撞击学说

2004年，美国的科学家们因为用热地幔柱无法彻底解决翁通爪哇海台的成因问题，便撰文提出了陨石撞击的学说。除了没有陆地化的痕迹之外，也没有沉降的痕迹——翁通爪哇海台的厚度达35～40千米，一般来说，这个厚度达到的重量足以让它下沉。这些问题用“地球内部活动学说”都无法解释，因此便有人支持“陨石撞击学说”。

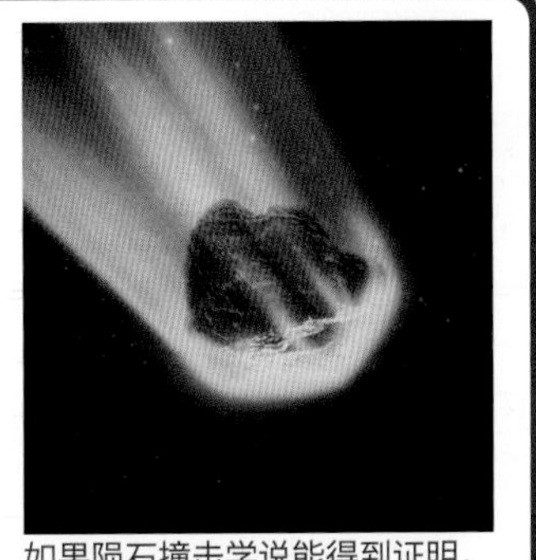

如果陨石撞击学说能得到证明，那么有关之后发生的环境变动的研究都要重新审度了

科学笔记

【热地幔柱】 第10页 注1

地幔内部大规模的对流活动称作地幔柱，下降时称为冷地幔柱，上升时则称为热地幔柱。

【巨大海台】 第10页 注2

面积大于100平方千米，厚度在200米以上的才可称作海台。翁通爪哇海台的面积为200万平方千米，厚度达35～40千米，远远超过了海台的一般标准。

【大规模火成岩岩石区】 第10页 注3

指的是在数十万到数百万年的短期内由大规模的火山活动造成的广大火成岩分布地域。它们在陆地上成为高原，在海底则成为海台。岩体主要为玄武岩。

【沉积】 第11页 注4

分析沉积物中所含极微量的锇的同位素比例后发现有大量来自岩浆的锇放射到了地表和大海里。另一方面，检查铱等铂系元素的组成，还未得到能显示有来自地球外物质的证据。

在翁通爪哇海台进行样本的发掘和切割

将1.2吨的测锤扎入海台，进行发掘和切割（上图）。下图中的白色棒状物是海台上的沉积物，来源于浮游生物的甲壳。

随手词典

【热点】
指的是炎热的地幔物质从地幔深处作为上升流喷出的地点。因为上升过程中温度不变，而所受压力减小，地幔熔化后就变成了岩浆。

【岩石圈】
指地球的地壳与最上层地幔所包含的坚硬的岩石部分。

【部分熔融度】
岩石在高温下开始熔解，成为液体与结晶（矿物）共存的状态叫作部分熔融，两种状态的比例就是部分熔融度。

阶段2 部分熔融度高的岩浆形成了海台

上升的热地幔柱随着所受压力的减小，逐渐液化成岩浆。岩浆在岩石圈附近停滞，慢慢开始横向扩散。形成翁通爪哇海台的共有两种岩浆。首先是部分熔融度高的岩浆将20%～30%的地幔岩石熔解了，它们通过小裂缝状的岩浆通道到达海底，冷却后成为玄武岩，形成海台。

岩浆的通道
地壳上有许多裂缝，岩浆经由这些裂缝到达海底。

部分熔融度低的岩浆

玄武岩
到达海底的岩浆冷却后成为玄武岩，形成海台。

部分熔融度高的岩浆
部分熔融度高的岩浆溶解了地幔20%～30%的岩石。

阶段3 另一种岩浆完成了整个海台

部分熔融度高的岩浆活动告一段落后，另一种部分熔融度低的岩浆开始启动。它与之前的岩浆一样，将15%的地幔岩石熔解后，通过岩浆通道到达海底，最终形成了完整的海台。

熔解后残余的岩石
一部分未被部分熔融度高的岩浆或部分熔融度低的岩浆熔解的岩石起到了支撑海台的作用。

已经完整形成的翁通爪哇海台

岩浆的通道

部分熔融度低的岩浆
部分熔融度低的岩浆熔解了地幔15%的岩石。

翁通爪哇海台上的海面
翁通爪哇海台位于水下1500～2000米处。

阶段 1 地幔成为热地幔柱逐渐上升

距今约1亿2000万年前，地球内部的地幔对流十分活跃。科学家认为翁通爪哇海台形成的位置就处于火山活动的热点上。地幔经过了数百万乃至数千万年的时间，变成热地幔柱逐渐上升。

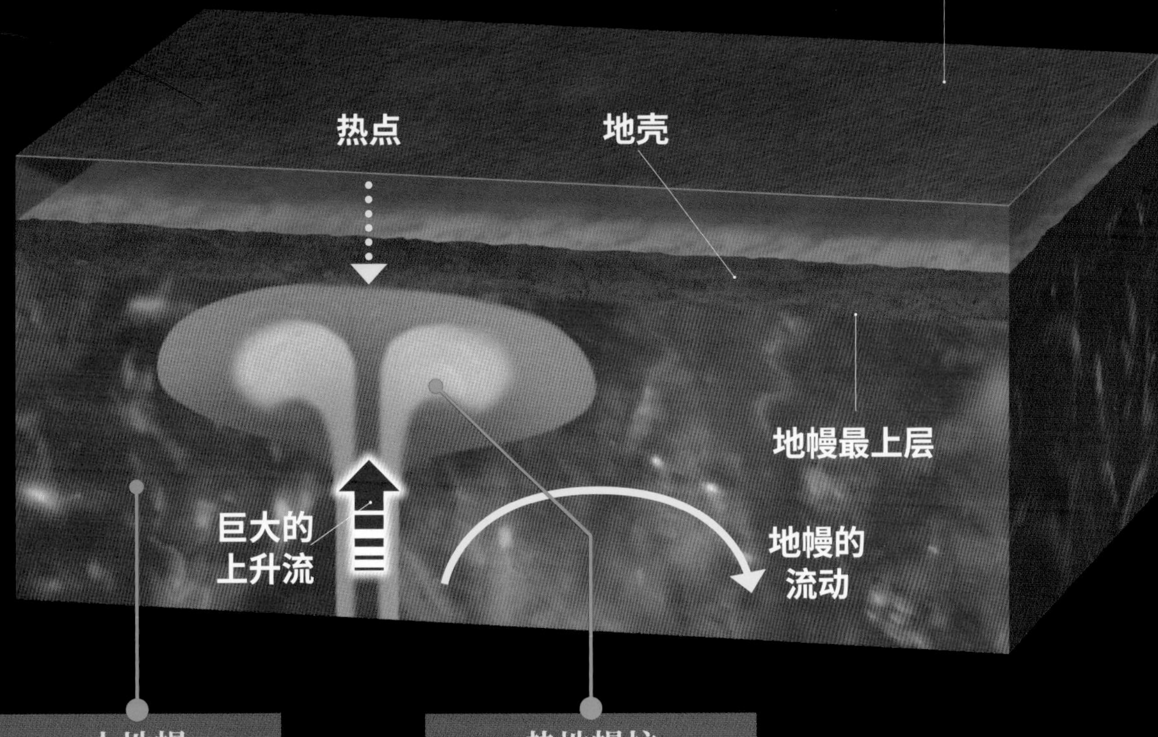

上地幔

地球深度小于6600千米的区域称作上地幔。主要由橄榄石构成。

热地幔柱

来自地球深处的巨型地幔上升流称作热地幔柱，又称“超级地幔柱”。

原理揭秘

许多在白垩纪形成的海台，其成因都在于热地幔柱引发的岩浆。然而，它们的形成过程却各不相同。翁通爪哇海台最大的特点就是它在形成时有两种岩浆相互作用，这是其他海台在形成时所没有的现象。下面让我们来看看这个巨大海台形成的原理。

近距直击

是否存在过比翁通爪哇海台更大的超巨大海台?!

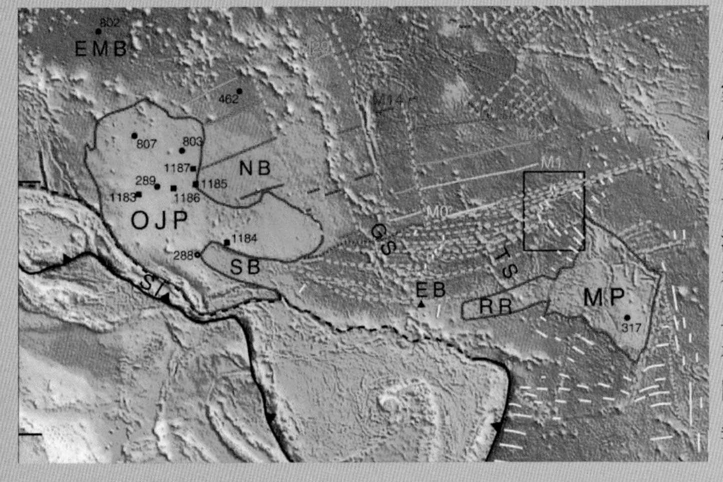

翁通爪哇海台与马尼希基海台的位置关系。希库朗伊海台的位置则更靠南面

通过分析从马尼希基海台采集来的岩石数据，科学家们发现翁通爪哇海台、马尼希基海台和希库朗伊海台都是在同一时期形成的。这说明今天相互分离的这三个海台以前很有可能是一个连在一起的超巨大海台。事实上，如果把这三个海台拼接在一起，它们竟像是一张拼图中的三个板块，可以“完美”拼接。

白垩纪的大洋缺氧事件

在恐龙最繁荣的时期 深海却是一片『死海』

地球曾数次经历这样的『劫难』——海水中的氧气消失了。当白垩纪的恐龙在陆地上昂首阔步时，深海之中却已经是毫无生机的另一番景象。

只有在白垩纪才发生过十多次缺氧事件！

陆地上一派热闹景象，而海里正一片死寂

白垩纪时期的地球总体来说气候温暖。特别是大约1亿2000万年前的白垩纪中期，促使翁通爪哇海台形成的大规模火山爆发，把地球变成了一个“温室”。那时地球的平均气温比现在高出大约6～14摄氏度，两极地区甚至超过了20摄氏度。这种环境使得陆地上的被子植物开花，恐龙、翼龙等爬行类动物遍布陆地、浅海和天空，一派繁荣景象。

大海却不似这般繁荣，海洋的深处成了地球上唯一一片“死寂的空间”。由于海水进入少氧、无氧状态，生活在大海中的有孔虫[注1]、放射虫[注2]、菊石类等生物，要么灭绝，要么逃亡到氧气充足的区域。

被称作“大洋缺氧事件”的这种海洋环境变化，在二叠纪末和侏罗纪时期也曾发生，为什么到了白垩纪再次发生了呢？如果我们只把目光放在海洋环境变化上，恐怕找不出答案。因为，大洋缺氧事件的起因来自地球内部的大变动，是全球规模的大变化。

意大利古比奥附近的康特莎石灰岩采石场

这是位于意大利翁布里亚地区的古都古比奥附近的采石场。由于在此地发现了白垩纪中期沉积的“黑色页岩”地层而闻名，另外，古比奥还因发现了可证明白垩纪晚期确有陨石撞击地球的黏土层而出名。

现在我们知道!

频繁的火山活动引发缺氧事件

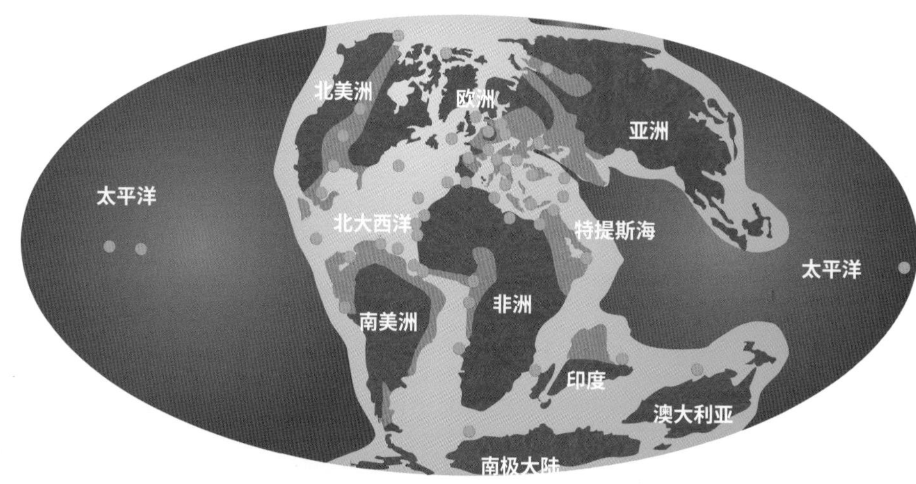

黑色页岩分布图

大约9400万年前发生的大洋缺氧事件，沉积出大量黑色页岩，其分布用橘色圆点在图上标出。不难发现，分布的中心主要集中在大西洋流域，太平洋流域则少有分布。

从气候变化到缺氧事件，火山活动的影响相当大！

康特莎采石场的地层

从它的地层中能看出白垩纪曾发生过好几次大洋缺氧事件，是极具代表性的一个地区。这里既有1亿2000万年前的黑色页岩，也有9400万年前的黑色页岩。

“大洋缺氧事件”发生后，海水陷入缺乏氧气状态，给白垩纪的海洋生态系统带来巨大的打击。那么，其机制究竟是怎样的呢？

“黑”“白”两种地层向我们讲述大洋缺氧事件的真相

现在，在以大西洋流域为中心的世界各地沉积着白垩纪留下的白色地层，即“白垩[注3]层”。所谓“白垩层”指的是由颗石藻一类的植物性浮游生物的遗骸沉积而成的地层，这些生物遗骸大多是直径几十微米的圆形石灰质壳。在这白色地层中还夹杂着黑色的泥质沉积物，这些黑色物质就是“黑色页岩”，来源于蓝藻尸体中未被分解的有机物，呈淤泥状。

有机物的分解通常需要氧气的帮助。现在的大海中，两极地区寒冷较重的海水[注4]会从海洋表层渗入底部，在世界各地的海域中循环一圈后又浮出表层，形成海洋循环。冰冷的海水富含氧气，它在循环中将氧气带到海底，帮助分解沉积在海底的有机物。而白垩纪的地层里出现的黑色页岩，无疑是因为缺氧导致有机物不分解而形成的。

生成海台的火山爆发喷射出大量二氧化碳

由于主要存在于大西洋流域地层里的黑色页岩各有不同，科学家们推断，在白垩纪中期前后曾发生过十次海洋缺氧事件。

例如在意大利中部的翁布里亚州古比奥附近的康特莎采石场，人们用肉眼就能看到大约1亿2000万年前和大约9400万年前形成的两种黑色页岩。美国得克萨斯

白垩纪的有孔虫化石

这是在南大西洋发现的有孔虫化石。由于突发大洋缺氧事件，有孔虫和放射虫大量死去，导致有机物大量沉积，形成了黑色页岩。

黑色页岩

无氧环境下，海水中的硫酸根离子被还原，与铁离子结合形成黄铁矿沉积下来。这些黄铁矿的小颗粒是黑色的。

州也分布有黑色页岩。有的地方，人们从几千米外凭肉眼就可以看见崖面上那条黑色的长带。相反，太平洋流域则很少看得到黑色页岩。原因是太平洋实在太大了，它的海洋循环没有完全停滞，海水里还有少量的氧气。

不过，我们还是要思考一下，大洋缺氧事件为什么会发生呢？

白垩纪中期是中生代最温暖的时期，其温暖程度几乎让地球南北两极的冰河消融。海洋地壳的生成速度是今天的两倍，随着以翁通爪哇海台为首的巨大火成岩岩石区形成，大规模的火山活动也频频爆发。火山活动的起因是地球深处的地幔上升（热地幔柱）。

火山气体中富含可以引发温室效应的二氧化碳。大量的二氧化碳被释放到大气中。翁通爪哇海台规模很大，它的面积占到了整个地球的0.4%。要形成这么大规模的海台，其火山活动所释放的二氧化碳量一定远远超出了我们的想象。

于是，大气中的二氧化碳含量骤增，大大加剧了地球的温室效应。

白垩纪的气候

尽管白垩纪的海平面高度、海洋地壳产量及平均气温的变动稍稍出现过延时，但整体还是平行上升的。它们在白垩纪中期达到顶峰，正是在这一时期前后，发生了大洋缺氧事件。

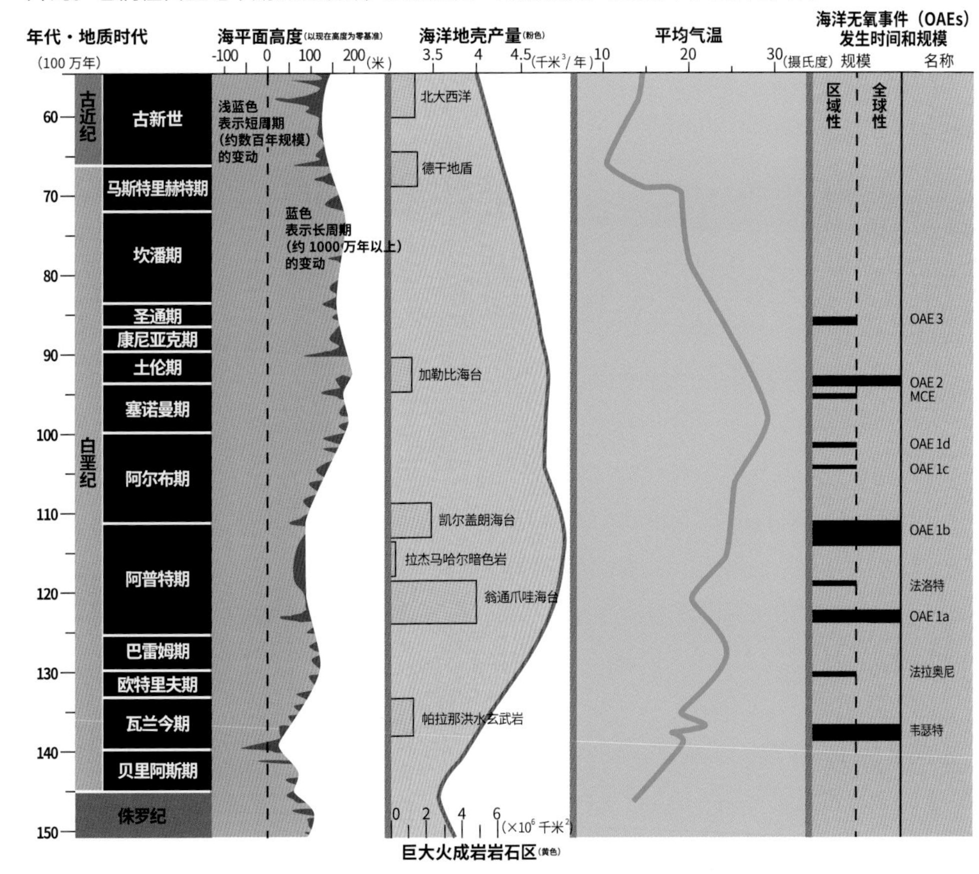

盖朗海台也形成了，它们一起矗立在海底。据推测，当时的海平面几乎比现在高出200米，陆地面积降到了地球表面积的20%以下。因此，太阳能的反射率[注5]也随之下降，气温进一步上升。

由于两极的气温超过了20摄氏度，极地与赤道区域海洋之间的温度差缩小。

地球变暖引发深海缺氧

随着海洋地壳大量生成，海洋容积变小，海平面也随之上升。加之翁通爪哇海台形成后，面积是它一半大的凯尔

新闻聚焦

100年后日本海会成为"死海"吗？

根据海洋研究开发机构2010年的研究分析，20世纪30年代以后，底层海水中的氧浓度一直在降低。自20世纪60年代以来的50年间，海水含氧量减少了15%。而日本海的水温在过去100年间上升了1.3～1.7摄氏度，表层海水渗入海底的量不足，供氧也不足。如果温室效应照这个速度发展下去，日本海的海洋循环将会停滞，约100年后日本海海底将陷入缺氧状态。

日本海里蕴藏着大量的鱼类资源。如果情况继续恶化，大部分的鱼类都将灭绝

科学笔记

【有孔虫】 第14页 注1
肉足虫纲有孔虫目所有原生动物的总称。体长大多在1毫米以下，覆有石灰质的壳。包括生活在海水表层至水深数百米处的浮游有孔虫和生活在海底的底栖性有孔虫。

【放射虫】 第14页 注2
一种海洋性原生动物。多长有含氧化硅和硫酸锶的骨针和带孔的壳，具放射状排列的线状伪足。所有种类都是海生浮游性，从海水表层到深海都有分布。

【白垩】 第16页 注3
多见于欧洲西北部和墨西哥湾海岸边的白垩纪地层。主要是植物性浮游生物的细小石灰质壳颗粒沉积后形成的白色岩石，以面朝英吉利海峡最窄处的多佛海峡的白垩悬崖最为有名。

【较重的海水】 第16页 注4
两极地区有许多冰山，但冰山形成时并未吸收附近海水中的盐分。所以能形成冰山的海域总体来说海水盐分浓度较高，海水较重。

原先冰冷的海水没有了，海洋循环停滞。与此同时，上升的海平面扩大了浅海的范围，海洋生物的繁殖率大大提高。海洋表层的氧气都被用来分解大量产出的生物，氧气的绝对量减少了，无法到达海洋的中下层，引发了大洋缺氧。

正如康特莎采石场的地层所表现的那样，大规模的大洋缺氧事件曾在大约1亿2000万年前和大约9400万年前两度发生。虽然目前还不清楚当时共有多少生物从此销声匿迹，但已推测出超过40%的放射虫是在那个时期绝迹的。此外，还有不少菊石类和浮游性有孔虫遭到毁灭。那些在二叠纪、三叠纪的大规模灭绝中幸存下来的海洋生物，大多在这一瞬间灰飞烟灭。

大洋缺氧事件的全貌

由热地幔柱引发的大型火山活动，造成大量的二氧化碳被释放出来，海洋中下层陷入缺氧状态，黑色页岩形成了。

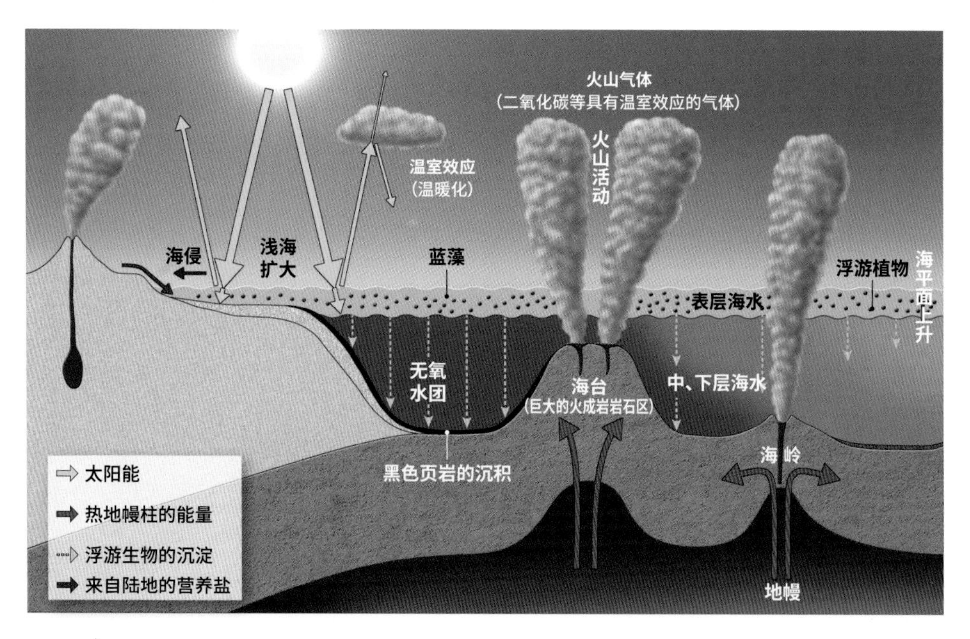

大洋缺氧事件并不完全是“灾难”？！

大洋缺氧事件在白垩纪中期前后一共发生了十次，最长的一次持续了约有十几万年。为什么大洋缺氧事件是分段发生的，而不是前后连续的呢？这是由于地球上的碳通过“碳循环机制[注6]”，一直在不断地循环。正因为如此，大气中时增时减的二氧化碳才起到“调节温度”的作用，帮助地球恢复原状。

这一系列的循环往复，在海底沉积了大量沉淀下来的有机物，它们变成了能出产石油的油页岩[注7]。石油是造成地球温室效应的罪魁祸首，同时不可否认地也为人类创造文明做出了巨大贡献。从这个意义上来说，今天的地球也可算是大洋缺氧事件的受益者。

地球进行时！

石油——缺氧事件带来的福利

石油是现代生活必不可少的燃料资源。科学家们已经确定当今世界上六成的石油都产生于中生代。油页岩就是黑色页岩。沉积在岩石中的有机物经过分解、还原等化学反应，成为一种被称为油母质的固体有机物，它就是石油的基本组成部分。这些油母质埋在地下，经过地热和压力的共同作用就生成了石油。

石油的成油机理有“非生物起源”和“生物起源”两种学说，现在普遍认同后者

科学笔记

【太阳能的反射率】 第17页 注5
亦称反照率。是指地球对太阳光的反射比例。一般海面的反照率是0.05～0.4，草地为0.15～0.3。理论上说，反照率越大，对地表温度上升的影响就越小。

【碳循环机制】 第18页 注6
火山活动释放出来的二氧化碳会溶在水中，分解地表的岩石。它们大多流入大海，成为有机物沉积在海底，之后又在地球内的热量作用下重新转化为二氧化碳，回到大气中。这个循环过程就是碳循环机制。碳的循环能防止地球温度过低或过高，使地球环境维持稳定。

【油页岩】 第18页 注7
指的是暗灰色泥岩和页岩等细粒碎屑岩及碳酸岩这一类岩石中富含有机物的沉积岩，其含有的有机物能产生烃类物质。其中，一种叫油母质的有机物是形成石油的重要基础，油页岩中的油母质含量越高品质越好。

来自顾问的话

探求白垩纪活跃的环境变动

■白垩纪早期的内陆湖成层的黑色页岩

位于蒙古东南部，戈壁沙漠中的新胡都地区，能看到黑色、暗灰色页岩和灰色苦灰岩有规则叠加的地层（1）。目前已确定其叠加周期既有厚度数十微米的年度条纹，也有跨度达数万年的多种年代层序。图2为调查时的情景。图4为钻井。研究人员根据钻井取出的岩心（3）做地质分析。

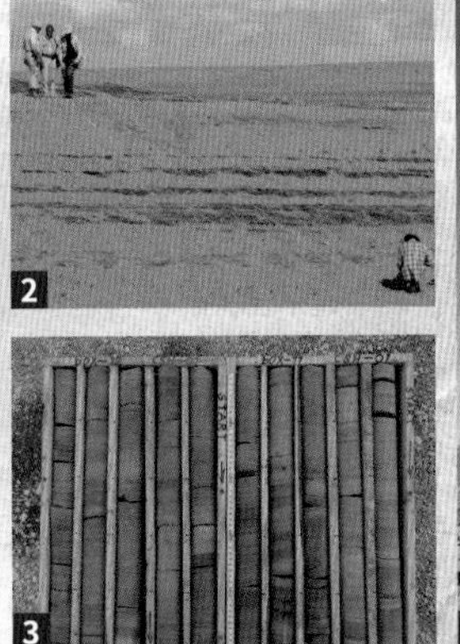

缺氧与氧化环境间不断的变化

自1976年人们首次认识到白垩纪发生过大洋缺氧事件起，至今已近40年（指2014年）。之前关于缺氧事件的研究主要放在特提斯海和大西洋流域，对包括日本在内的太平洋流域（即当时所称泛大洋）的研究则开始于20世纪90年代初。科学家们发现太平洋流域存在与大西洋缺氧事件时期产生的沉积物相类似的碳的同位素变化。尽管太平洋受到了缺氧事件的影响，但黑色页岩的分布却极其有限，只是局部现象。因此，有些科学家认为发生在太平洋的不是“缺氧事件”，而是应该称其为“海水氧气不足”。

最近，科学家们注意到，在缺氧事件以外的时期曾数次发生过红色页岩和其他岩石的沉积，它们都是因为海底含氧量较平时多而氧化形成的，科学家称之为白垩纪大洋红层。这些红层大部分分布在特提斯海和大西洋流域，在白垩纪晚期的地层中尤为多见。

然而，在新西兰9400万年前的大陆架一大陆斜坡的地层里，不但没有黑色页岩，反而出现了大片的大洋红层。这说明缺氧事件期间南太平洋底曾高度氧化。

由此可见，白垩纪的海洋不断重复着含氧、缺氧、高度氧化之间相互转化的环境变动。今后有必要在这方面做进一步探索。

从大陆地层探究白垩纪的环境变化

温室效应全球化带来了一连串的影响：①陆地变得潮湿；②陆地进一步风化；③许多沉积物（营养盐）从河流流入大海；④海洋生物大量繁殖引发大洋缺氧事件。科学家们一直在探讨上述假说。例如，在蒙古和中国的一些大规模内陆盆地中的白垩纪湖成层中，有许多与大洋缺氧事件同时期的连续地层。关于它们与海成层的比较研究十分深入。

与此同时，科学家们在世界各地的白垩纪地层中发现了许多碳化的植物化石，可见白垩纪温暖的气候下，空气中的含氧量远远高于今天。森林火灾频发、植被变化、被子植物进化，这些因素都有可能影响大气中的二氧化碳含量。甚至有学者提出，随着陆地生物腐烂，含磷物质流入大海，也可能造成海洋浮游生物大量繁殖，成为引发大洋缺氧事件的主要原因。

科学家们在日本福岛县岩木市的双叶层群中发现了碳化的被子植物花的化石，从而得知在日本也存在因森林火灾而碳化的植物化石。

因此，要想解释在剧烈动荡的白垩纪，地球环境究竟发生了怎样的变化，就必须综合考虑陆地和海洋这两种地层的记录。

■南太平洋的白垩纪大洋红层

新西兰北岛东北部莫托河曼加泰坦支流的白垩纪地层中，在9400万年前的缺氧事件时期形成的地层已扩大为厚度超过35米的大洋红层。它表明了在南太平洋发生的缺氧事件与大洋红层之间的关系。

安藤寿男，1956年出生。东京大学研究生院理学系研究科地质学专业博士。主要研究日本东北部地区白垩纪至第四纪地层中化石层的形成过程，以及蒙古戈壁沙漠中白垩纪湖成层对古代环境的影响。国际地质对比计划（IGCP）608项“白垩纪亚洲—西太平洋生态系统”项目带头人。著有《古生物学事典》《沉积学辞典》等（两书均由朝仓书店出版）。

钻石喷出事件

钻石像下雨一样纷纷落在地表

在白垩纪，今天的非洲和南美大陆不断地有岩浆喷出。喷出的岩浆将埋藏在地球深处的某种物质带到了地表附近，那就是让人心驰神往的『钻石』。

“永恒的光辉”是来自地球深处的馈赠

在白垩纪，恐龙繁盛，巨大的海台形成，大洋缺氧事件上演，一切都千变万化。这时，地球上还发生了一桩非常事件。在中非、巴西等今天的非洲和南美大陆，岩浆以超声速的速度从地下 200 ～ 300 千米处不断地向地表喷涌而出。

到处都是灼热的火柱、震耳的轰鸣声和仓皇逃命的动物。以超声速的速度迅速喷出地表的岩浆给它们造成了多大的惊吓？当时的情景恐怕与我们看到的地狱图景不无二致。

然而，这些岩浆却将古今人类心驰神往的某种物质带到了地表附近，那就是“钻石”。

岩浆从上升到喷出地表的过程中，把埋藏在地球深处的钻石卷进来，带到了地表附近。岩浆凝固后形成了被命名为“金伯利岩”的火山岩。而号称“宝石之王”的钻石就是来自地球深处的“送给人类的礼物”。

岩浆是搬运钻石的电梯哦。

岩浆喷出地表的模拟图

岩浆通道是一个底部狭窄、越接近地表开口越宽的圆锥形，因此，通道上部四周压力较弱，岩浆迸裂而出。

现在我们知道！

由于来自地球深处 钻石拥有坚硬璀璨的特质

在南非中部的金伯利地区，大地上有一个火山喷发留下的洞口。自1871年被发现后，人们不断地在此挖掘，现在已经是一个直径500米，深度达1200米的“大洞”。为什么人们一直在挖这个洞？因为“钻石”深藏其中。

正如我们之前所看到的有关巨大海台形成和大洋缺氧事件的事例，白垩纪时期地球内部的岩浆对流十分活跃。其中，在地下200～300千米深处，岩浆曾以超声速的速度上升。而普通的岩浆喷发深度不过是地下100千米左右。

钻石的“故乡”在地下150千米的深处

钻石是一种完全由碳[注1]原子构成的单元素矿物。碳要变成钻石，需要压力和温度的共同作用。而压力约5万大气压、温度高达1300度左右的地下150千米深处正是适合生成钻石的环境。

同时，在地下100千米的较浅处，碳原子无法变成钻石，只能转化成石墨[注2]。所以，要将钻石带出地表，就必须依靠地下200～300千米处的岩浆活动。

另外，岩浆上升的速度也很重要。由于岩浆上升时必定会经过形成石墨的区域，如果岩浆上升速度太慢，钻石就会转变为石墨。

正是因为来自这样深的地心，钻石才拥有了无可比拟的硬度和灿烂的光芒。

就硬度来说，钻石可以划伤世界上任何其他矿石，而它之所以如此坚硬，原因就在于每个碳原子都有4个共价键，它们紧密结合成一个正四面体。倘若生成的环境不够深，压力相对较弱，碳原子没法紧密结合，就只能成为石墨。

形成钻石的原材料来自太空？

钻石的光芒也来自原子间的这种紧密结合。光线透过矿石内部时会因折射而改变方向，原子之间结合越紧密，光的折射率就越高，反射出的光也就越多。根据光的折射率切割钻石，就可以让它把入射光全部反射出来，钻石也就因此变得更加熠熠生辉。

那么，问题的关键就在于有

钻石产自地球上最古老的大陆。

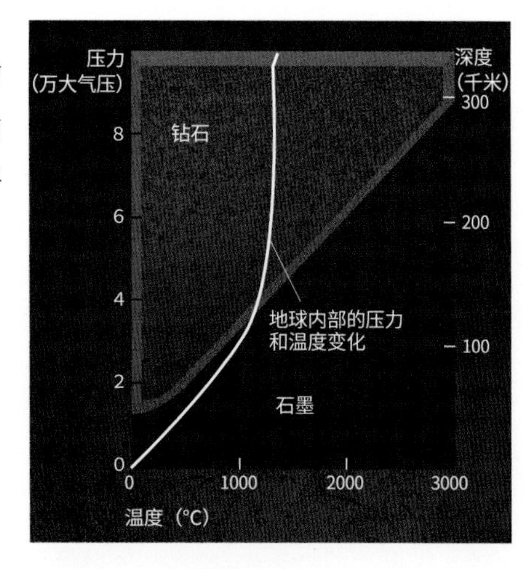

钻石与石墨的区别

科学家通过人工钻石合成实验，将所得钻石与石墨的关系绘制成上面的图表。图中曲线代表地球内部实际的压力和温度变化，在地球内部超过150千米的深处就是可以生成钻石的区域。

新闻聚焦

日本首次发现天然钻石！

根据2007年9月日本地质学会上的报告，通过分析爱媛县外露的岩石，科学家发现其中含有钻石。尽管发现的钻石只有1毫米的千分之一大，但它颠覆了“钻石不会存在于日本所处的这种较新的地层里”的现有学说，是一个划时代的发现。

辉石岩在显微镜下的照片。箭头所指的气泡状（二氧化碳包体）物体中含有钻石晶体

金伯利岩和钻石原石

钻石大多不是以单体形式而是与岩浆凝固后形成的火成岩即金伯利岩一起被发现的。

金伯利矿坑

1871 年在南非共和国发现的世界首个钻石矿坑。它直径 500 米，深 1200 米。此后 43 年间共挖掘出 1450 万克拉（2.9 吨）钻石。1915 年矿山关闭，现在矿坑里积满雨水。

钻石出产国分布图

图中标出了钻石矿在世界各地的分布。在大约 10 亿年前—2200 万年前的 7 个地质时期里，地球曾断断续续地喷出含有钻石的岩浆。其中以距今 1 亿 2000 万年—8000 万年的白垩纪为最。

没有碳了。尽管碳元素在地表十分丰富，但在地下却十分罕见。形成钻石的碳怎么会埋在地下呢？要想解开这个谜，我们必须回到 46 亿年前。当时原始地球刚刚诞生，在它周围不时发生原始行星和微行星相互撞击或两者与原始地球相撞的情况。科学家们认为碳元素就是在碳质小行星撞击地球时，被留在地球内部的。当然这个量并不多，因此钻石才如此珍贵。

据推测，地下 150 千米以下的坚硬地幔中，仍有一部分是可流动的。在流动的地幔中，一些相距较近的碳原子偶然地结合在了一起，一点一点地形成了钻石。

在以往的 7 个地质时期中，含有钻石的岩浆断断续续地喷发出来，其中白垩纪的喷发最频繁。这些岩浆多数来自太古宙时期（40 亿年前—25 亿年前）形成的古老大陆，而原因至今仍有待查明。

科学笔记

【碳】 第 22 页 注 1

第 6 号化学元素，符号为 C。它是构成生物有机体的基本元素，所有的有机化合物中 90% 以上都是碳化合物。

【石墨】 第 22 页 注 2

也叫黑铅。与钻石一样都是只含有碳原子的矿石，呈黑色。石墨很软，用途很广，比如可以做成铅笔芯。

近距直击

硬度的秘密在于原子结合的方式

完全由碳原子构成的物质，除了钻石以外还有石墨和富勒烯等。钻石的结构不像其他物质仅是碳原子的平面结合，它是碳原子共价结合的立方体晶格，这些立方体晶格再聚集在一起就形成了钻石。1 克拉的钻石大约有 12×10^{20} 个晶格，96×10^{20} 个碳原子。这些原子的紧密结合决定了钻石的硬度。

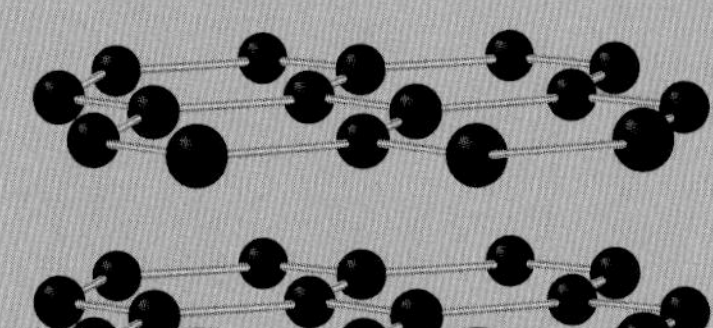

钻石（左）与石墨（上）的原子排列示意图。钻石原子有晶格（即黄线部分）构成立方体。石墨则没有。

随手词典

【远古时期生物的遗骸】

指的是十几亿年到几十亿年前的浮游生物的遗骸。这些有机物由于板块运动被运送至地球内部，它们也可能成为形成钻石的原料。

【钻石的大小】

目前尚不明确钻石晶体需要经过多长时间才能形成一定的大小，科学家推测至少需要几百万年。

2. 碳元素聚集在地下 150 千米处

地幔中的大部分是坚硬的岩石，也有一部分熔化成高温的液体。碳元素在那里单独存在，一旦碳元素足够，就具备了形成钻石的条件。

地幔

液体地幔部分

地幔内有一部分呈液态，就是这里孕育了钻石。

钻石晶体

3. 钻石的形成

许多碳原子在大约 5 万大气压、1300 摄氏度高温的液体地幔中相互结合，逐渐形成钻石。这个过程经历的时间越长，形成的钻石就越大。

液体地幔部分

碳原子

碳质微行星留在地球内部的碳原子

近距直击

钻石是探索地球内部奥秘的钥匙

钻石晶体中多含有石墨、橄榄石、石榴石等矿石，从宝石的标准来说，钻石中含这类杂质越多，价值就越低。但它可以为我们提供人类无法到达的地球深处的矿物信息，对科学家来说极其珍贵。所以，钻石又被叫作“来自地心的信笺”。

在地下 150 千米附近形成的钻石中多含有石墨

4. 钻石喷出地表

在地下 200 ～ 300 千米处生成的岩浆，以超声速的速度上升时，如果中途碰到钻石，就会裹挟着把它带到地表周围。而不在岩浆上升轨迹中的钻石就依然留在地球内部。

火山

钻石

岩浆上升过程中遇到的钻石会被裹挟着带到地表。

原理揭秘

钻石从诞生到喷出地表的全过程

钻石不仅是漂亮的宝石，也是一种利用价值极高的优秀工业材料。同时又是矿物学、地质学中最重要的研究材料。在有限的矿石中，最硬最闪亮的钻石究竟是在哪里形成、成长，最后又是怎样到达人类手中的呢？下面我们来看看这个全过程。

1. 碳质微行星等的碰撞

原始地球诞生时，曾不断地有微行星与之碰撞，其中就有碳质的微行星。它们残留在地球内部，成为形成钻石的原料。此外也可能有一些远古时期的生物遗骸在板块运动中被送至地球内部而成为形成钻石的原料。

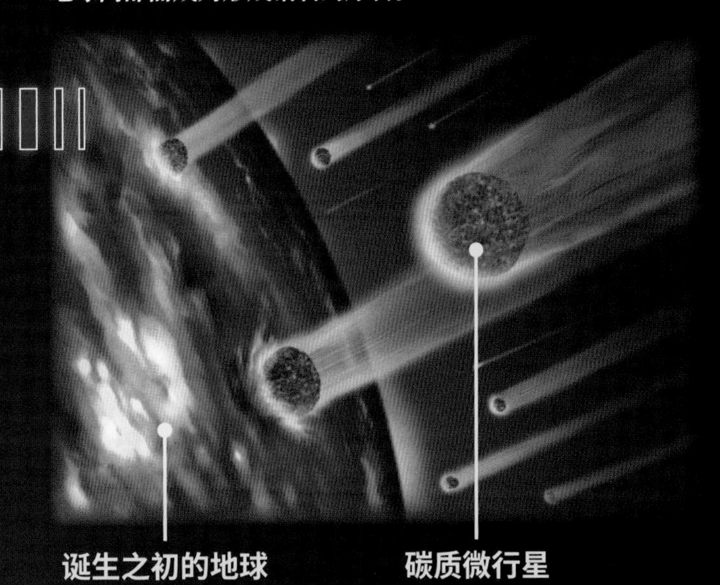

撞击地球的微行星中，也有碳质的微行星。

5. 开采钻石

当时的火山在长期的风化、侵蚀下已经没有了本来的面貌，而是变成了平地和湖泊，这些地方的地下往往藏有钻石。另外，在火山遗迹附近的河流里偶尔也能发现钻石。

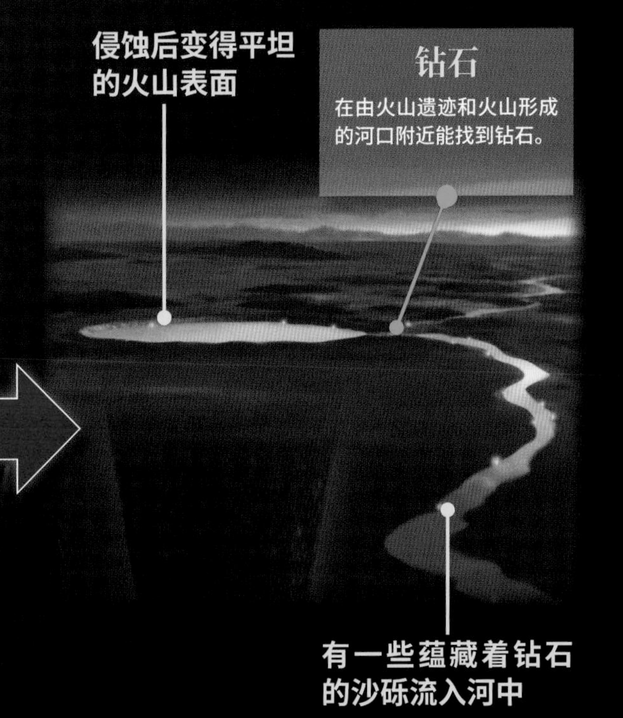

在由火山遗迹和火山形成的河口附近能找到钻石。

钻石矿区

Diamond mines

至今仍有钻石矿被陆续发现

探测钻石矿藏多采用先找到显示钻石存在的矿石，再在其周边展开调查的方式。钻石的开采基本先在露天进行，之后逐渐进入矿坑内。由于矿藏的历史比较古老，一般认为全球范围内基本已经开采完毕，但事实上，近几年仍陆续有新的钻石矿被发现。

钻石出产国

早在公元前 3 世纪—公元前 2 世纪的印度，就发现了钻石的存在。18 世纪时在巴西也有发现。到了 19 世纪中期，人们在南非发现了巨大的钻石矿脉，于是，南非成为全球主要的钻石出产国。产量最多的前 3 个国家的排序近几年一直没有变化，不过，加拿大的崛起比较引人注目。

钻石产量排行(2011年)
单位:1000克拉

排名	国家	产量
1	俄罗斯	33500
2	博茨瓦纳	32000
3	刚果	19500
4	加拿大	10795
5	安哥拉	9000

【阿盖尔矿区】

Argyle Diamond Mine

世界上最大的钻石矿藏，位于西澳大利亚州金伯利地区东部，面积 3 平方千米，大约相当于 64 个东京巨蛋的大小。因出产稀有的粉钻而闻名，产量约占全世界同种钻石产量的 90%。其产量在 1994 年达到顶峰后，呈逐年下降的趋势。

世界上最大的粉钻原石，重 12.76 克拉。于 2012 年被发现，并被命名为阿盖尔粉红禧

数据	
国家	澳大利亚
开始开采	1985年
开采方法	露天开采、坑内开采
产量	约1060万克拉(2009年)

【奥拉帕矿区】

Orapa Diamond Mine

位于非洲大陆南部的内陆国博茨瓦纳。该矿区是正在开采的四个钻石矿中最老的一个。金伯利岩矿床多为圆筒形岩体，这里的两支金伯利岩矿脉，在地表附近交会，产量规模世界第一。矿区内甚至还设有为工作人员家属服务的小学。

矿区附近的地表分布着 118 平方千米的金伯利岩

数据	
国家	博茨瓦纳
开始开采	1971年
开采方法	露天开采
产量	约1871万克拉(2007年)

地球进行时！

钻石作为工业材料的广泛应用

钻石是地球上最坚硬、延展性最差的物质。它不易变形，无色的钻石可透过从红外线到紫外线的所有光线。而且，它不易磨损不易熔解，是应用广泛的工业材料。最常见的用途有：玻璃切割器材、手术刀、半导体等等。

使用钻石颗粒的研磨盘和切割用的钻头。可以用于加工玻璃和坚硬的瓷砖

【朱瓦能矿区】

Jwaneng Diamond Mine

位于博茨瓦纳南部，在首都哈博罗内西南方向 160 千米处，2007 年的钻石年产量为 1348 万克拉，较奥拉帕矿区低，却是储量第一的矿区。发现钻石之前，博茨瓦纳是世界上最贫穷的国家之一，现在由于开采钻石带来收益，已跃居中等发达国家之列。

博茨瓦纳还拥有莱特拉卡内矿区和戴姆沙矿区

数据	
国家	博茨瓦纳
开始开采	1982年
开采方法	露天开采
产量	约1348万克拉(2007年)

1905 年发现的世界上最大的钻石原石。长约 11 厘米，重 3106 克拉（621.2 克）

【库里南矿区】

| *Cullinan Diamond Mine* |

位于南非共和国首都比勒陀尼亚东面约 40 千米的地方，对地下 720 米深处的金伯利岩矿脉进行开采。它的规模在世界上首屈一指，曾被称为最大矿区。1905 年，重达 3106 克拉的史上最大钻石原石就出产在这里。

数据			
国家	南非	开采方法	坑内开采
开始开采	1903年	产量	不明

【戴维克矿区】

| *Diavik Diamond Mine* |

2001 年进入开发，并于 2003 年投产的新矿区。位于加拿大西北部伊卡提矿区的东南方向约 30 千米处，在格拉湖中面积约 20 平方千米的岛上。去矿区需走湖上结了冰的“冰道”，或乘坐矿区机场的专用飞机。

估计可开采至 2023 年

数据	
国家	加拿大
开始开采	2003年
开采方法	露天开采、坑内开采
产量	约700万克拉

【伊卡提矿区】

| *Ekati Diamond Mine* |

位于加拿大西北部的格拉湖区，于 1998 年开业，是加拿大的第一个矿区。1999 年 1 月开始供给钻石原石，是较新的矿区。由于它比俄罗斯和非洲的矿区钻石储量小，故采用露天开采加坑内开采的方式。

矿区权益归企业与另两位地质学家所有

数据	
国家	加拿大
开始开采	1998年
开采方法	露天开采、坑内开采
产量	约322万克拉（2008-2009年）

新闻聚焦

发现了稀有的蓝钻！

2014 年 6 月，在南非的库里南矿区发现了极其稀有的重达 122.52 克拉的蓝钻原石。同年 1 月，该矿区曾发现一颗 29.6 克拉的蓝钻，并以 2555 万美元的价格售出。此次发现的蓝钻原石的价格估计将大大超过这个数目。

29.6 克拉的原石。钻石呈蓝色是因为含有硼元素

【乌达奇纳亚矿区】

| *Udachny Diamond Mine* |

位于俄罗斯联邦的萨哈共和国西北部乌达奇内市的矿区，靠近北极圈。自 1955 年该地区探测到金伯利岩以来，一直在进行露天开采，是世界上最大的竖井坑矿，深度超过地下 600 米。矿区名是俄语中“成功的管道”之意。萨哈共和国的钻石产量约占俄罗斯联邦钻石总产量的 97%。

目前露天开采结束，准备进入坑内开采

数据	
国家	俄罗斯
开始开采	1971年
开采方法	坑内开采
产量	不明

五彩斑斓的神秘之境

黄龙

位于中国四川省，1992 年被列入《世界遗产名录》。

黄龙位于四川省北部的玉翠山麓。3000 多个湖沼呈梯田排列，有如龙形，故而得名“黄龙”。这一带是海拔超过 3000 米的溪谷，直至 1982 年被认定为国家风景区之前，地图上都没有标记。因此，这里生活着大熊猫、金丝猴等多种濒危动物，是保留了未经人工修饰的自然风貌的神秘之境。

多彩的黄龙景观

争艳彩池

位于溪谷中部的彩池群。由 658 个湖沼连接而成，与五彩池并称为黄龙的“精华”。

金沙铺地

长达 1500 米的钙华滩流，高低处落差 166 米，薄薄的湖水从斜坡上流过，在阳光下发出闪闪金光。

明镜倒映池

由 180 个湖沼相连而成的彩湖池。因其清澈的湖面像镜子一样倒映着周围的景色而得名。

飞瀑流辉

瀑布高 14 米，宽 68 米，瀑布的上方是湖，湖水经过几段阶梯状的斜坡飞流而下。

五彩池因观测时间和地点的不同而呈现各异的色彩

黄龙最具特色的湖沼被称为“彩池”。它们由湖水积蓄在梯田状分布的地形中而形成，这些梯田状地形都是由被侵蚀的石灰岩形成的。五彩池是黄龙彩池中规模最大的一个，共有 693 个大小湖沼彼此相连。阳光下湖水变化出多种颜色，景色妙不可言。

令科学家困惑的 从电能中诞生的生命

19世纪是一个现代科技飞速发展的时代，迷上了电气的科学爱好者在实验中碰到了人类历史上第一次遭遇的『怪事』，事情的来龙去脉是这样的——

“咦？”

手拿显微镜的安德鲁·克罗斯几乎不敢相信自己的眼睛。这是1837年发生在他用自家大宅的音乐室改造出来的私人实验室里的事。氧化铁多孔石的白色物质上竟然生出了几根极其细小的白毛，而且还在蠕动。

“怎么回事？”

这些氧化铁本来是打算用来做结晶的。克罗斯将浸泡过盐酸的火山石放在水中，通电，然后缓缓倒入打火石和碳酸钾粉末的混合溶液。

结晶没有制成，一种奇妙的生命现象却发生了。

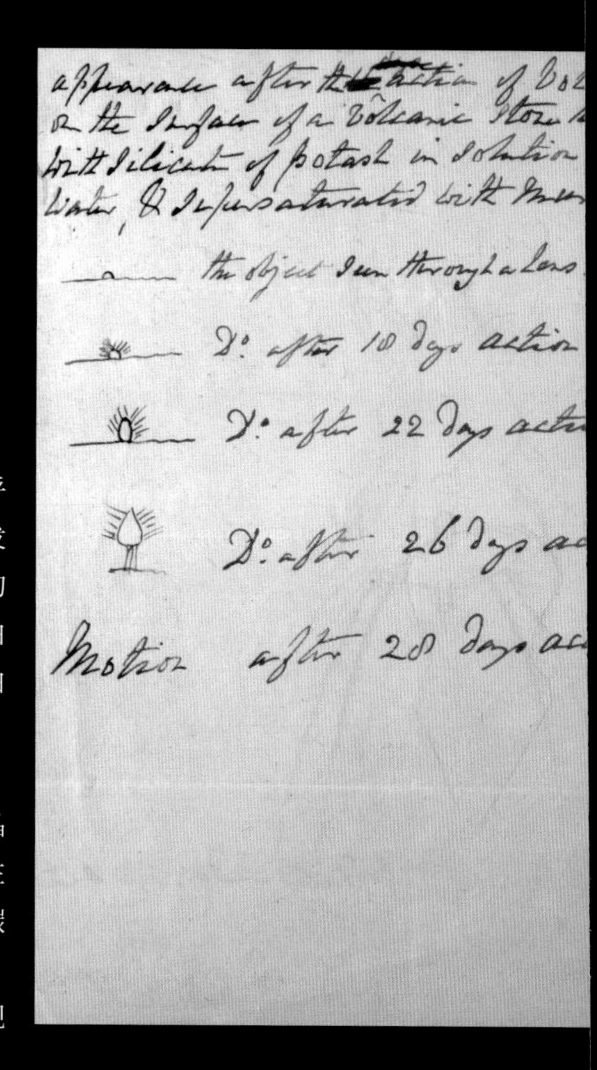

appearance after the action of Vol
on the surface of a Volcanic Stone
with silicate of potash in solution
water, & supersaturated with Mur

the object seen through a lens

Do: after 10 days action

Do: after 22 days actio

Do: after 26 days ac

Motion after 28 days ac

那是一个相信自然起源的时代

那一年，提出进化论的查尔斯·达尔文刚刚乘坐贝格尔号轮船环游世界后回到祖国，当时《物种起源》这本书还未写成。大多数人都相信生命的自然起源说。古希腊的亚里士多德提出：“生物是由无生命的物质发展而来的。”连19世纪最具代表性的博物学家也信奉生命的自然起源说。

安德鲁·克罗斯（1784—1855），毕业于牛津大学，感情细腻丰富，创作过不少诗歌。据说，电影《科学狂人》中的弗兰肯斯坦博士就是以他为原型创造的

位于英国西南部萨默塞特郡的布鲁姆菲尔德是一片植被丰茂的土地。出生在这里的富家子弟安德鲁·克罗斯从小就热衷于自然科学和电气。他16岁丧父，5年后又失去了母亲，于是21岁的他便继承了家中的庄园和土地。

衣食无忧的他作为科学爱好者将精力都投入到了电气与矿石的研究，不时发表论文，并发表演讲。为了寻找天气与电荷的关系，他曾在院中铺设铜线，并把它们连接到研究室的电源上，然后加大电压。暴风雨到来时，园中火花四射闪电不断。惊恐的乡人们都叫他“雷电男”，怀疑他是不是一个“魔法师”。

发现多孔石上的白色物质长出白毛的那一年，克罗斯52岁。他观察了几

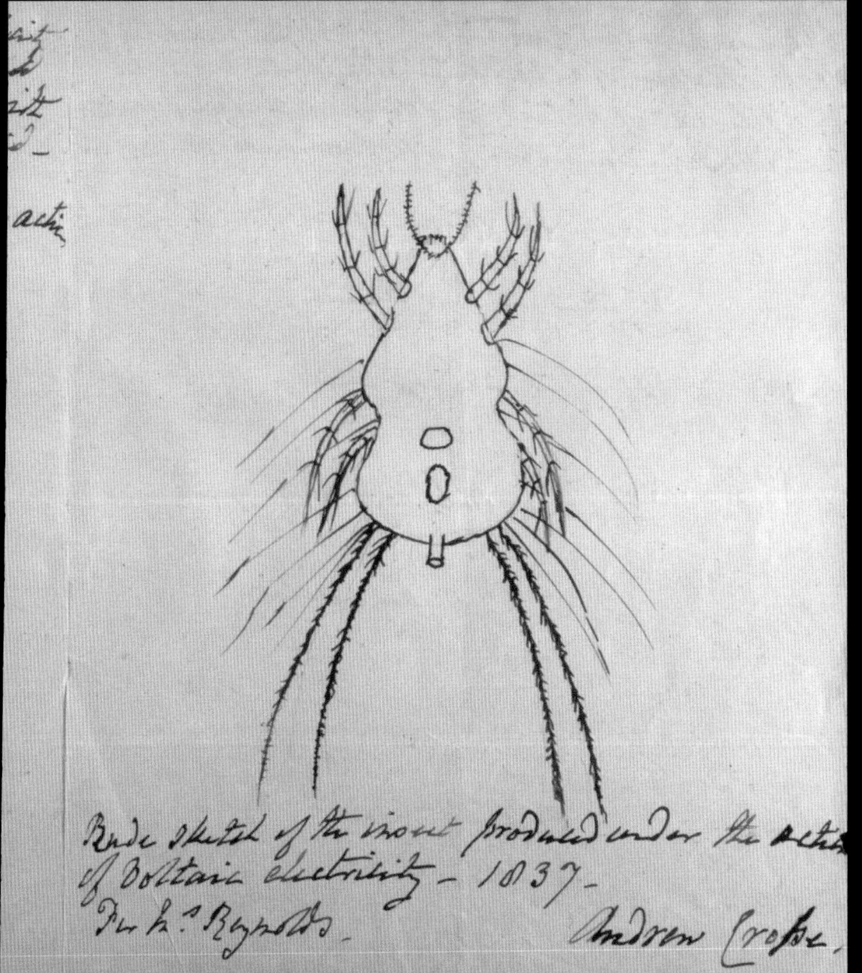

1837 年，因电流作用而从无生命的物质中生成的螨虫。这是克罗斯的亲笔素描。据说，实验开始 14 天后发现了微小突起，18 天后长毛，26 天后长出 6 条腿或 8 条腿

（上图）克罗斯所住的布鲁姆菲尔德大宅。很遗憾房屋在 1894 年被大火烧毁

（左图）螨虫是蜱螨目节肢动物的总称。分布在从热带到两极的各个地区，种类繁多，形态、生态也多种多样

个星期，发现这些白毛四处伸展，等他再用显微镜观察时，确切地看到了螨虫似的生物。克罗斯的心激动得怦怦直跳。

“我用电创造出了生命？这就是自然起源说的直接证据吧？”

他是被魔鬼迷惑的人吗？

然而，克罗斯毕竟有着科学家的冷静。“也许是研究室里的虫子在石头上产了卵吧？或者石头上一开始就沾有虫卵？”

他将研究室和石头仔细检查了一

“不行，我还得加倍小心。”

克罗斯用蒸馏水和酒精对试验用具做了彻底的消毒，又重复试验了一次。然而，这次又出现了会游动的同一种生物。他将这生物拿给昆虫学家看，昆虫学家立刻告诉他这些小东西就是螨虫。

1837 年，克罗斯就此试验撰写了论文，寄至伦敦电气协会。有电气工程师读了他的论文后做了同样的试验，果然也发现了螨虫。

克罗斯将这一连串事件告诉了当地的新闻记者，记者们做了善意的报道。

胁迫的对象。竟然还有人在他家门前举行驱魔礼。每当他走出家门，沿街的人家就纷纷关上门窗。就连伦敦皇家研究所发明“法拉第定律”的迈克尔·法拉第本人也不相信他的试验结果，亲自动手做了同样的试验。结果，法拉第也在试验中发现了螨虫。然而，这个结果并不能浇灭人们愤怒的火焰。

安德鲁·克罗斯在郁闷中离开了人世。所幸他在 64 岁时与一位 43 岁的女士结婚，死前得到了该女士细心的照顾。后来又有一些科学家做了同样的试验，

长知识！地球史问答

Q 世界上最大的火山在海里吗？

A 太平洋西北部海底的沙茨基隆起中有一座形成于侏罗纪晚期到白垩纪早期的火山，叫“大塔穆火山”。该火山之前被认为是由同时喷发的几个火山组合而成的，直到2013年，休斯顿大学的研究小组发现其实它是一个单体火山。该火山总面积约31万平方千米，从海底到火山顶的高度约为3500米。它不仅是地球上最大的火山，也很有可能是太阳系中规模最大的火山，超过了以前人们所认识的火星上的奥林帕斯山。

Q 硬度仅次于钻石的矿石是哪一种？

A 矿石的硬度通常以两种不同矿石相互刻划时哪种更容易被划伤来决定，一般分为10个等级。摩氏硬度10为最硬，这也是钻石的硬度。排名第二的是刚玉。大家看到下面的图或许会很疑惑：“这种石头也能算宝石吗？”事实上，红色的刚玉就是我们通常所说的“红宝石”。蓝色等其他颜色的刚玉则是“蓝宝石”。排在第三的是黄玉，第四的是石英，之后分别是正长石、磷灰石、萤石、方解石、石膏和滑石。有些地方也将摩氏硬度划分为15个等级，不过，在矿物学界使用的是10个等级的摩氏硬度划分。

根据颜色的不同，刚玉分为红宝石和蓝宝石（除红宝石以外各种颜色的刚玉的统称）两大类

Q 为什么石油大量埋藏于中东地区？

A 沙特阿拉伯、阿拉伯联合酋长国和卡塔尔等中东国家储藏着世界上半数的可开采石油。大约2亿年前，泛大陆开始分裂，形成了特提斯海。海里储藏着大量的有机物，再加上适合石油形成的地热和压力条件共同作用，这一地区形成了丰富的石油资源。到了侏罗纪时期，原本在南边的印度大陆北移，将特提斯海推到了非洲大陆一侧，几乎整个区域都变成了陆地，这就是今天的中东地区。因此，中东地区埋藏的石油资源相当丰富。

石油集聚的地区地层十分坚硬，不易遭到破坏，石油也就不会泄漏出来

Q 钻石原石最常见的形状是什么样的？

A 晶体的原子是按立方体规则排列的，排列方式大致有六七种。钻石完全由碳原子构成，属于立方晶系的排列方式。钻石原石即由无数的立方体晶格（晶体的最小单位）排列组合而成。它是一种结晶。立方体晶格上下左右等数相叠就成了一个大骰子。在地下，立方体各面多以金字塔形叠加，所以钻石原石大多是正八面体。其次还有立方体和斜方十二面体。

左上为八面体，右上为斜方十二面体，下图为立方体。1克拉钻石由大约12×10^{20}个晶格组成

一代霸主霸王龙

1亿6400万年前—6600万年前

[中生代]

中生代是指2亿5217万年前—6600万年前的时代，是地球史上气候尤为温暖的时期，也是恐龙在世界范围内逐渐繁荣的时期。

第 35 页 图片 / Corbin17 / 阿拉米图库
第 36 页 图片 / 联合图片社
第 39 页 插画 / 月本佳代美　描摹 / 斋藤志乃
第 43 页 图片 / 阿玛纳图片社
第 44 页 图片 / 服部雅人
图表 / 三好南里
图片 / 臧海龙
第 45 页 图片 / Sueddeutsche Zeitung Photo / 阿拉米图库
第 46 页 插画 / 劳尔 · 马丁
第 48 页 图表 / 三好南里
图片 / PPS
图片 / 格雷戈里 · M. 埃里克森博士
图片 / 玛丽 · H. 施魏策尔
第 49 页 图片 / 福雷·迪迪埃 / 阿拉米图库
第 50 页 插画 / 服部雅人
图片 / 约瑟夫 · E. 彼得森博士
图片 / 加拿大萨斯喀彻温皇家博物馆
图片 / PPS
第 51 页 图片 / 123RF
图片 / 小林快次
第 52 页 图片 / PPS
图表 / 三好南里
图片 / 奥西斯
插画 / 小田隆
插画 / 服部雅人
图表 / 科罗拉多高原地理系统公司
第 54 页 图片 / 阿玛纳图片社
插画 / 服部雅人
第 56 页 图片 / 奥西斯
图表 / 三好南里
插画 / 真壁晓夫
第 57 页 插画 / 服部雅人
图片 / 尼古拉斯 · R. 隆格里奇
图片 / PPS
第 58 页 插画 / 克里斯 · 格伦，昆士兰大学
插画 / 服部雅人
第 60 页 图片 / 123RF
图片 / 黑山地质研究学院
图片 / PPS
第 61 页 图片 / 菲利普 · 约翰 · 柯里
图片 / 123RF
图片 / 美国国家自然科学博物馆
图片 / 印第安纳波利斯儿童博物馆
图片 / 123RF
图片 / Aflo
第 62 页 图片 / PPS
图片 / 盖蒂图片社
第 63 页 图片 / Aflo
第 64 页 图片 / 约兰 · 斯坦达
第 65 页 图片 / 洛朗 · 拉韦德
图片 / 佩卡 · 帕尔维艾宁
图表 / 三好南里
第 66 页 图片 / 美国国家自然科学博物馆
图片 / 日本石川县白山市教育委员会
图片 / 照片图书馆

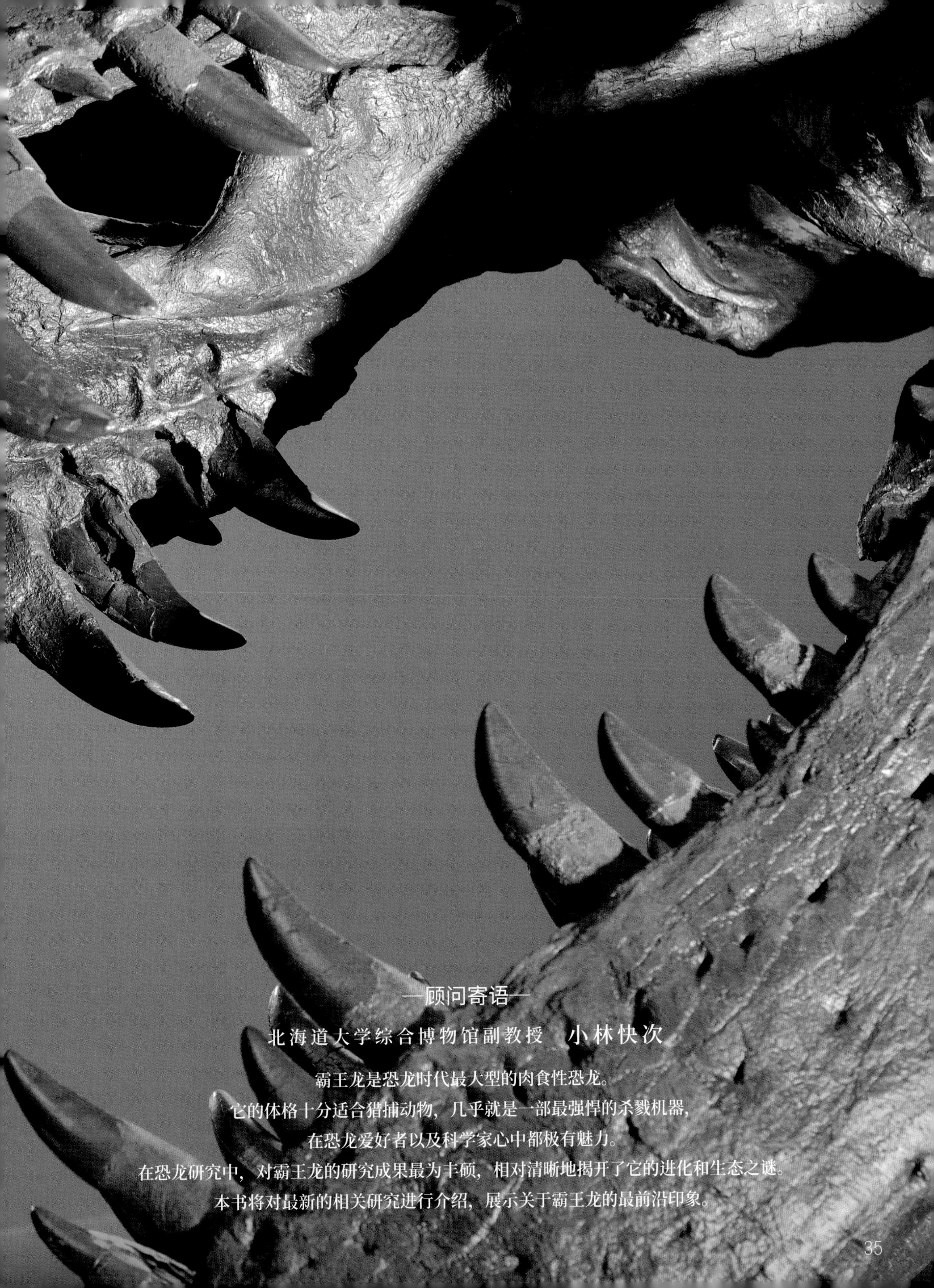

—顾问寄语—

北海道大学综合博物馆副教授　小林快次

霸王龙是恐龙时代最大型的肉食性恐龙。
它的体格十分适合猎捕动物，几乎就是一部最强悍的杀戮机器，
在恐龙爱好者以及科学家心中都极有魅力。
在恐龙研究中，对霸王龙的研究成果最为丰硕，相对清晰地揭开了它的进化和生态之谜。
本书将对最新的相关研究进行介绍，展示关于霸王龙的最前沿印象。

邂逅恐龙之王的地方

人类与霸王龙的初次邂逅发生在大约 100 年前。当时美国化石采集家巴纳姆·布朗在美国的地狱溪岩层，发掘出了新型恐龙的腰带和大腿骨，把它们命名为“雷克斯暴龙”，意思是“残暴的蜥蜴王”。这个名字充分表达了这些骨骼给人们带来的震撼。全长 12 米的巨大身体，锋利的牙齿和无可比拟的强壮颚骨——它就是霸王龙，白垩纪晚期的王者，有史以来最强悍的恐龙。当我们站在几千万年历史堆积出来的这片土地上时，仿佛听见曾经称霸陆地的恐龙之王随风而来的咆哮。

史上最强悍的捕食者

这是一瞬间发生的事情：一只路过水边的三角龙被躲在树后的巨大身躯扑倒了。这身躯全长 12 米，体重约 6 吨，强壮的颚部上并排长着 60 颗木桩似的牙齿，其中最长的有 30 厘米。它就是霸王龙。三角龙被这突然的袭击吓坏了，眼睁睁地看着霸王龙将牙齿扎进自己的颈部，在能迸发出 35000 牛咬合力的颚部之下瞬间毙命。霸王龙是史上最大型的陆地肉食性动物，拥有史上最强的咬合力。这就是在 6700 万年前的北美大陆反复上演的恐龙之王捕猎的一幕。

美国的地狱溪岩层

美国的地狱溪岩层是位于美国北部北达科他州、怀俄明州、南达科他州和蒙大拿州的化石遗址，由白垩纪晚期，即距今约6700万年的地层堆积而成。此地因发掘出世界最大最完整的霸王龙“苏”的全身骨骼（现藏于美国芝加哥菲尔德自然历史博物馆）而闻名。

霸王龙
三角龙

最强恐龙的谱系

最强恐龙的祖先竟然又小又弱。

暴龙类的谱系起源于亚洲小型恐龙

霸王龙是在白垩纪晚期称霸北美大陆的一种『最强恐龙』。其祖先是一种在侏罗纪时期遍地奔走的小型恐龙，谁也想不到它们后来会进化成恐龙界的霸主。

体形不大颚部不强的霸王龙种群

享有“最强悍的肉食性恐龙”美称的雷克斯暴龙（下称霸王龙）身长12米，体重6吨，是有史以来最大型的肉食性陆生动物。恐龙时代始于三叠纪中晚期，终结于白垩纪末，纵横1亿6000万年以上。霸王龙则在这段时期中的最后400万年称霸北美大陆，占据着生态系统的顶端。

然而，这最大最凶猛的霸王龙，也并非从一开始就是强者。霸王龙的出场可以追溯到距今约1亿6000万年的侏罗纪中晚期。研究发现，霸王龙的祖先并非生活在北美，而是生活在亚洲。

那是一种名为五彩冠龙的小型恐龙。身长3米左右，身高比普通成年男性还要矮一些。很明显，它与霸王龙之间仅有的共性就是两足行走和肉食性。其他都是不同的特点，比如，五彩冠龙头上长有冠状物，而霸王龙没有；五彩冠龙前肢的脚趾也比霸王龙多一个，有三枚。就是这种相似又不全似的小型恐龙，在经过漫长岁月的进化后最终一跃成为恐龙时代的霸主。

在陆地驰骋的冠龙

“五彩冠龙”是最古老的暴龙种类之一，生活在侏罗纪晚期的中国。属名盔龙，顾名思义，它的头部长有类似鸡冠的冠状物。

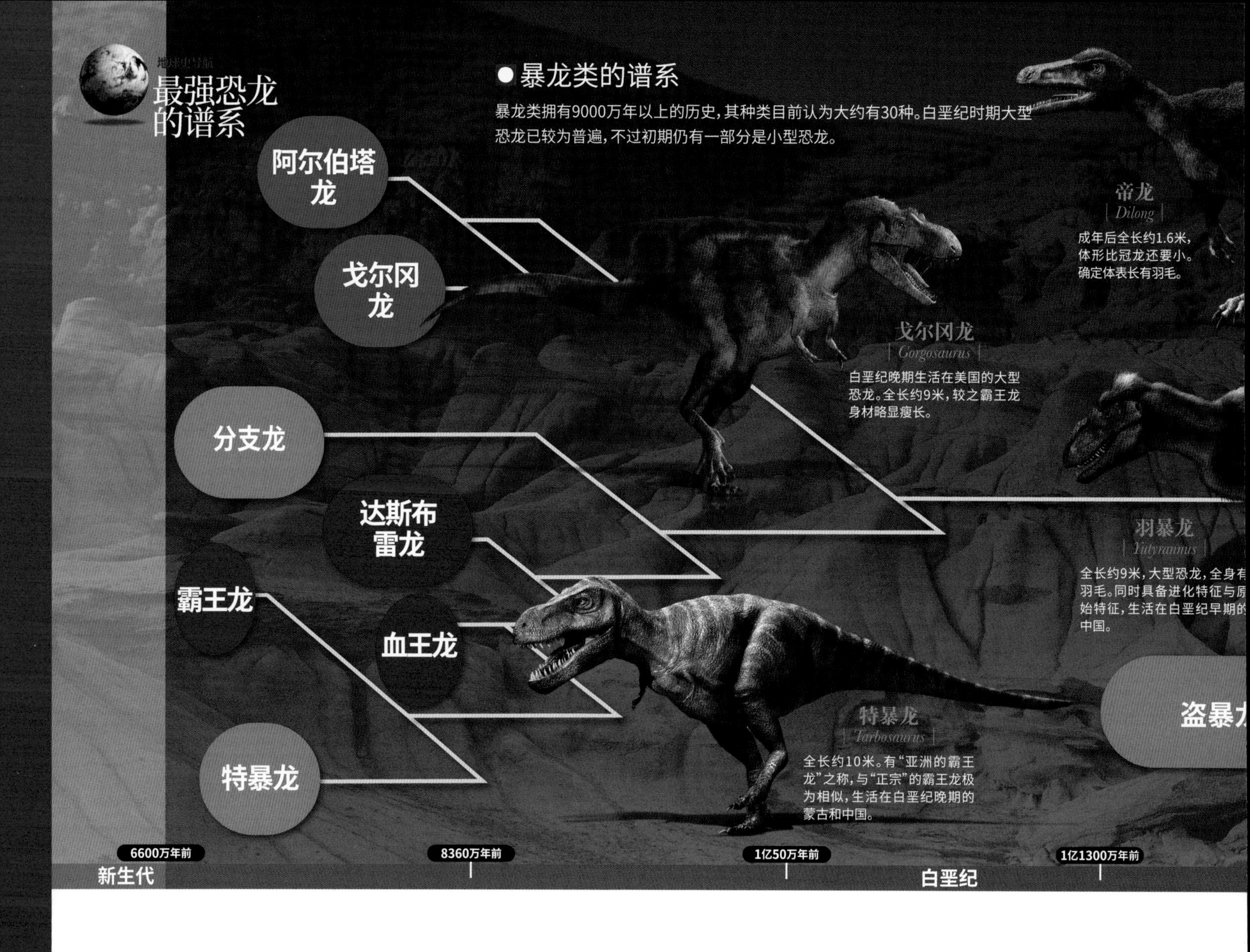

现在我们知道！

『王』始于亚洲的大扩散——的足迹遍布全世界

自冠龙登场后，又过了3900万年，即大约1亿2500万年前，在白垩纪早期的中国东北地区辽宁省，生活着一些正在从类似于冠龙的原始暴龙类[注1]向霸王龙进化的恐龙种类。

“旧种”和“新种”

这种进化中的恐龙种类名叫“羽暴龙”。它的全长约9米，是冠龙的3倍。虽然无法和霸王龙相比，但也可以称作大型恐龙了。我们从羽暴龙身上看到的最大变化就是，它拥有了一个与其庞大身躯相匹配的巨大头部。嘴里长着利齿，长相与之后出现的霸王龙相仿。此外，它前肢的趾头数仍与冠龙一致，为3趾。也就是说，它身上同时具备了进化特征与原始特征。

羽暴龙身上还有一个重要特征就是全身长满了羽毛[注2]。在之前的发现中，我们可以清楚地看到一部分兽脚类恐龙身上长有羽毛，我们称其为“带羽毛恐龙”。但是在羽暴龙之前，它们都还是一些小型的带羽毛恐龙。而身长9米的羽暴龙身上也有羽毛，就说明大型恐龙身上也可能长着羽毛。说不定霸王龙身上就有，但尚无直接证据。

霸王龙类响彻寰宇的咆哮

自羽暴龙后又经过了4500万年，也就是冠龙登场后的8400万年，这段时间的长度已经超过了从恐龙灭绝到现在的时间长度。

在大约8000万年前，白垩纪即将结束的时期，北半球许多地方都出现了大型的霸王龙种群。

在亚洲，蒙古出现了“特暴

羽暴龙的头骨化石

白垩纪早期的霸王龙类所具有的巨大头骨，与之后霸王龙的头骨相仿。这是探寻这一种群进化的重大发现。

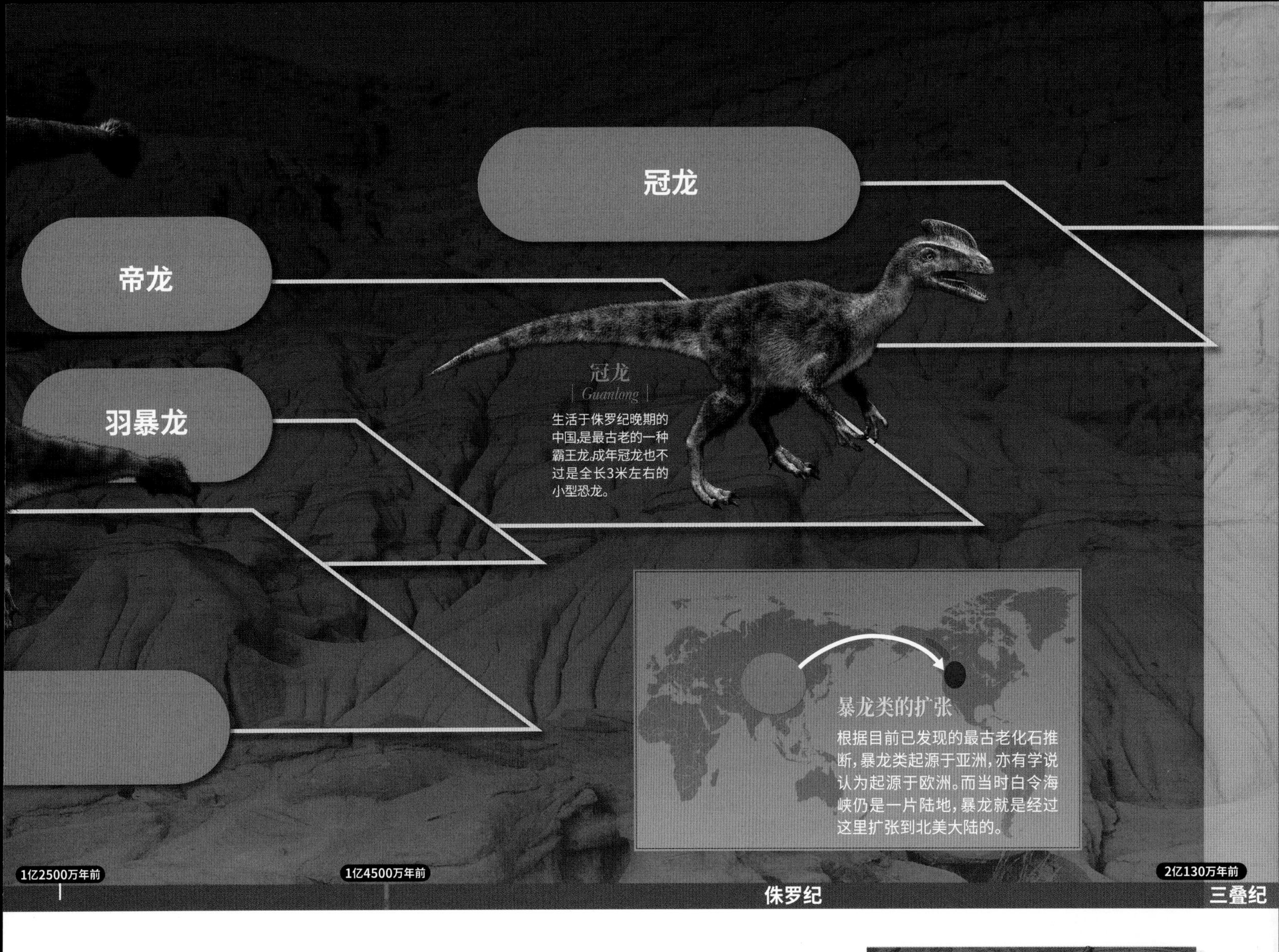

龙”。其身体全长 10 米，较霸王龙小，却拥有巨大的头部、短小的前肢，以及前肢为 2 指等与霸王龙极其相似的特征，故被称作“亚洲的霸王龙”。

此后，在霸王龙登场的北美大陆西北部又出现了“戈尔冈龙”和“阿尔伯塔龙”。这两种恐龙外形相似，全长均为 9 米，头部巨大，短小的前肢长有 2 枚趾，从身材上看却较霸王龙来得瘦长。

之后，在北美大陆的西南部，现在的犹他州一带，出现了“血王龙”。它全长 8 米，也是长有巨大头部的霸王龙类型。等到了大约 7000 万年前，万事俱备，“正宗”的霸王龙终于登场了。

杰出人物

发现了巨大化石的伟大化石采集家

化石采集家
巴纳姆・布朗
(*1873—1963*)

世界上第一个发现霸王龙化石的是现在被人们称作“传奇”的化石采集家巴纳姆・布朗。他受当时还没有收藏过恐龙化石的美国自然历史博物馆注3所托，为这家当今世界上为数不多的拥有恐龙化石藏品的博物馆采集化石，并于 1900 年、1902 年先后发现霸王龙的化石。可以说，这家博物馆大多数的大型化石藏品都离不开布朗的贡献。

科学笔记

【暴龙类】第44页 注1
本书中的暴龙类指的是以霸王龙为代表的暴龙亚科的所有恐龙。同时，书中还将介绍许多不同种属的暴龙。在新闻报道中，经常可以看到暴龙、雷克斯暴龙、暴龙类等称呼。本书中将雷克斯暴龙统一称为霸王龙。此外，关于“最古老的暴龙类”，近年来普遍认为应该是在侏罗纪中期英国地层中发现的小型恐龙。

【羽毛】第44页 注2
由爬行动物的鳞片转化而来。恐龙的羽毛大多不是鸟类翅膀上的正羽，而是有数根分枝的绒羽。基本作用是保暖。

【美国自然历史博物馆】
第45页 注3
世界上为数不多的藏有恐龙化石的博物馆，位于美国纽约，是电影《博物馆奇妙夜》的故事发生地。

王者的生活

关于霸王龙的生活史

体格、食性、生长率……

在1000多种恐龙之中，霸王龙是人类研究得最为深入的一种。那么，它们究竟生活在怎样的环境里？吃的是什么？又是如何生长的呢？

称霸拉腊米迪亚大陆的终极恐龙

距离最古老的一种暴龙——冠龙在亚洲大地上疾驰的时代又过去了9400万年，暴龙种群在世界各地一边扩张一边进化，到了白垩纪晚期，一种堪称终极形态的暴龙在北美大陆诞生了。

当时，北美大陆的内陆地区由于内海的扩大，被分成东西两半，西边的一半就是现在称为“拉腊米迪亚”的一块单独陆地。那里生长着茂密的楠树和悬铃木等阔叶树种。它们发芽、开花，形成了与今天相似的森林。而占据这个生态系统顶端位置的恐龙就是霸王龙。

霸王龙凭借强大的体格和能力，被称为“终极的肉食性恐龙”。它的全长达到了12米，强壮的后肢使它们能够快速奔跑，而它们发达的下颚则拥有史无前例的最强咬合力……霸王龙已经进化成了它的祖先冠龙所无法想象的庞然大物。那么，这个在恐龙时代的最后阶段登场的恐龙之王究竟过着怎样的生活呢？

在森林里漫步的霸王龙

霸王龙生活在拉腊米迪亚大陆，就是现在的北美大陆西部、一片南北走向的狭长地带。和现在一样，那里生长着茂密的阔叶林，许多恐龙生活在其间，那是一片生机勃勃的世界。这就是霸王龙活跃的舞台。

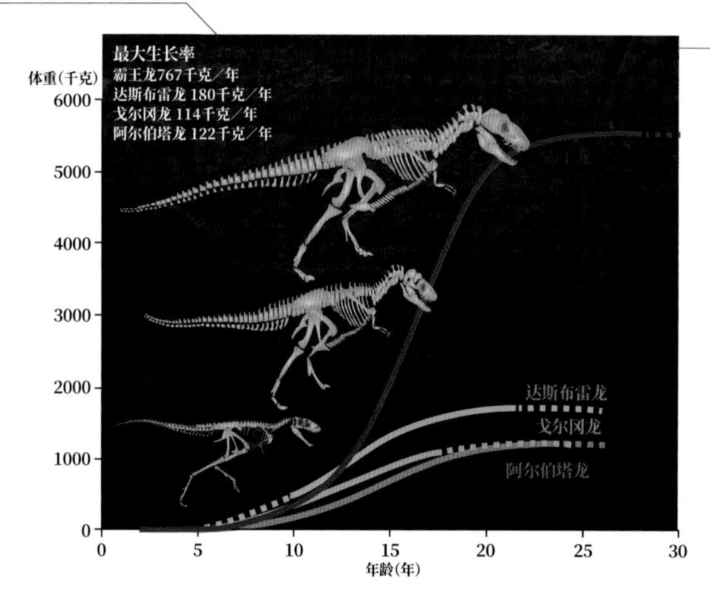

霸王龙迅猛的生长速度

这是从霸王龙骨骼年轮推断出来的生长曲线。与其他大型兽脚类动物相比，霸王龙的生长速度极其迅猛。

现在我们知道！

研究最为深入的肉食性恐龙！霸王龙的生态究竟是怎样的？

1892年[注1]，古生物学家爱德华·柯普发现了世界上第一块霸王龙化石，之后在1900年、1902年，化石采集家巴纳姆·布朗也先后发现了霸王龙化石。1905年，布朗的雇主美国古生物学家亨利·奥斯本将这种恐龙命名为“雷克斯暴龙”，意为“残暴的蜥蜴王”。因为在当时已发现的恐龙种类中，霸王龙是体形最大的肉食性恐龙，所以名字中被冠以“王”字。

之后，又过了100多年，现在人们认为像南方巨兽龙、棘龙、魁纣龙都可能是比霸王龙体形更大的肉食性恐龙。但是，经过先进的科学技术的研究比对，从身体各细节来看，“残暴的蜥蜴王”霸王龙仍牢牢占据着肉食性恐龙之王的霸主地位。

霸王龙曾是“超级肉食性恐龙”吗?

霸王龙最大的特点就是拥有巨大的头骨。它的头骨纵深超过1.5米，宽度在60厘米以上，高度大于1米，这样的尺寸在恐龙界中首屈一指。它的头骨很宽，双眼正对着前方，这使得它能够立体地观察事物，正确地测量自己与猎物之间的距离，这一特征是捕猎时必不可少的有利条件。

霸王龙的牙齿是捕猎时最大的武器，被誉为“牛排刀”。其中，最大的牙齿长度可达30厘米，且三分之二埋在颚骨里，成为齿根。也就是说，这种构造能让牙齿牢牢地插进猎物坚硬的内部，是十分符合肉食需要的构造。正是由于霸王龙身上具有各种“肉食性恐龙必备”的特征，近年来，人们也将它称作“超级肉食性恐龙”。

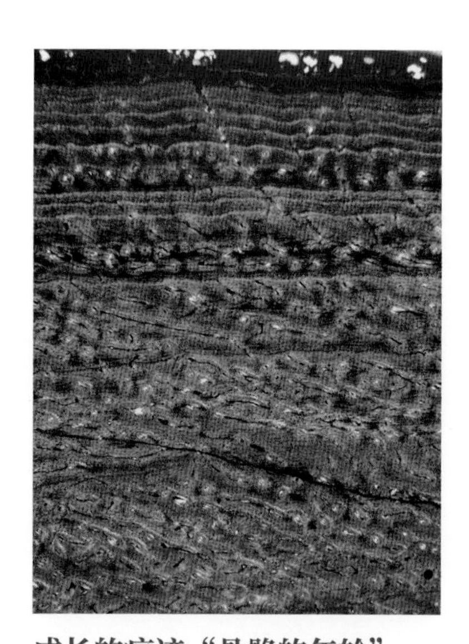

成长的痕迹“骨骼的年轮”

霸王龙肋骨断面上长长的细横纹就是“年轮”，我们可以从年轮的数量推断出霸王龙的年龄。它的宽度则帮助我们了解霸王龙在一年中的生长状况。

近距直击

发现了霸王龙的血管痕迹?!

骨骼等硬组织较容易成为化石留存下来，而脑、血管等软组织基本上在成为化石之前就已经被微生物分解了。不过，也有软组织被保存下来的例外情况。在2005年发表的一则研究报告中，科学家发现了霸王龙后肢骨骼上的软组织，甚至还有“血管”的痕迹。大家一度期望能从保存状态良好的“血管”中提取DNA[注2]，但遗憾的是目前还没有这方面的进展。

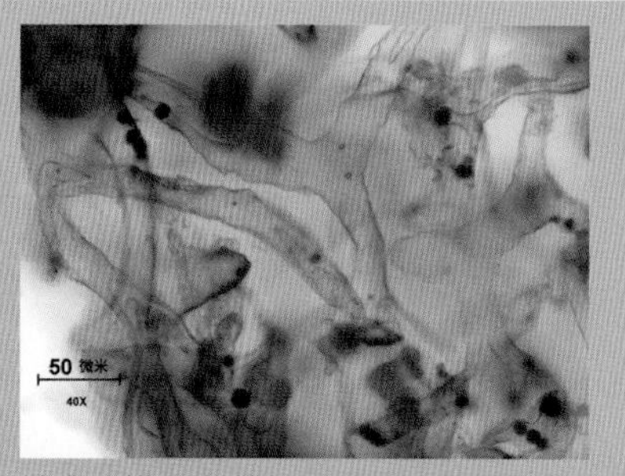

被发现的血管痕迹柔韧、富有弹性，仿佛活体时的状态

霸王龙骨盆化石的发掘

2007年，美国南达科他州，工作人员正在发掘霸王龙骨盆化石的场景。

霸王龙的骨骼标本

霸王龙的特点是拥有巨大的头骨、粗而长的牙齿以及短小的前肢等。它行走时尾巴水平伸直，和头部保持平衡。这是位于纽约的美国自然历史博物馆收藏的标本。

如果是人，“一口”就被吞掉了。绝对是一场惨败。

一天长 2 千克？惊人的生长速度

霸王龙是怎样度过一生的呢？不单是恐龙，其他灭绝生物的一生我们都无法观察到。不过，我们发现恐龙的骨骼和树木一样也存在着记录时间的年轮。通过计数“骨骼年轮”，可以得知这头恐龙死亡时的年龄。并且，骨骼年轮的宽度还可以帮助我们推测出它的生长速度。

对霸王龙的骨骼年轮进行研究后发现，霸王龙在十几岁时有一个飞速生长的阶段，类似于我们人类的“生长期”，不过，霸王龙的生长速度之快远非我们人类能够与之相提并论的。

据推测，处于“生长期”的霸王龙一年内最多能增加 767 千克的体重，也就是平均一天增加约 2 千克。这个数字较其他大型肉食性恐龙来说也十分惊人。一般认为，恐龙在 15 岁左右性发育成熟，平均寿命不到 30 年。如今，野生非洲象的寿命可达 70 年，相较之下，霸王龙算是十分短命。造成霸王龙死亡的主要原因尚不明确，不过，已经发现的化石中不乏受伤或生病的痕迹，看来能正常老死的霸王龙只有少数。

霸王龙吃什么？

从灭绝动物的牙齿形状可以推测出它的食性是“肉食”“鱼食”还是“植食”。但

是自相残杀还是相互嬉戏?

最强悍的恐龙，它的天敌莫非是它自己?目前已经发现了可以证明霸王龙之间发生过争斗的化石。同种动物之间的争斗乃至自相残杀，在自然界并不少见。同时，同种之间相互嬉戏的场景也时常发生，这就是自然界。

相互嬉戏的想象图

科学家们从化石上遗留的伤痕模拟出这样一幅霸王龙之间互咬的场景。或许这是它们的生活中经常出现的一幕。

遗留在化石上的咬痕

一块霸王龙上颚化石上留有被其他霸王龙咬过的痕迹。由于该霸王龙年纪尚幼，伤痕也并不致命，所以科学家们推断它们之间并非“自相残杀”，而是在“相互嬉戏”。

霸王龙的粪便

这是霸王龙的粪便化石。长度超过40厘米，宽度超过10厘米，容积达2.4升，十分巨大。

是，要推断出具体的捕食对象非常困难。不过，霸王龙就是为数不多的能确定具体捕食对象的恐龙种类之一。线索就在它们的粪便化石[注3]中。动物的粪便中常常残留有未消化的骨头和植物种子等，能正确反映粪便主人进食的食物。当然，要确定一个粪便化石究竟属于何种动物并不容易，不过，霸王龙粪便化石的发现已经得到了确认。

在这块容积约2.4升的巨大粪便化石中，含有三角龙之类的角龙类骨骼碎片。能在发现这个粪便化石的地层中出没、具有能产出如此等级粪便的体格同时又可以捕食到角龙类恐龙的非霸王龙莫属。事实上，我们已经发现了存在被霸王龙捕捉痕迹的三角龙化石，可以确定霸王龙曾捕食过大型植食性恐龙。

在已被认定种类超过1000种的恐龙种群中，霸王龙是最受人类关注的一种。这恐龙之王也是人类研究最深入的一种恐龙。

科学笔记

【1892年】 第48页 注1

当时，爱德华·柯普一直认为自己发现的化石是有别于霸王龙的其他恐龙化石，并将其命名为“巨型多孔椎龙”。2000年，研究表明科普发现的恐龙化石与霸王龙是同一种类。这种情况下，一般应以先发现的化石名称来统一定名。而当年修订的国际动物命名法已定下了“霸王龙”这一名称，于是，之前的“多孔椎龙”学名便不再使用。

【提取DNA】 第48页 注2

假设我们发现了霸王龙的DNA，但是时间已经过了6600万年，很难保证它们不会变质。因此，我们还不能一下子做到像电影《侏罗纪公园》里那样让霸王龙复活。

【粪便化石】 第50页 注3

动物的排泄物一般来说比较软，很难成为化石留存下来。但考虑到一头动物一生能产出的粪便量，从概率上来说，其排泄物还是有成为化石的可能的。恐龙时代的粪便化石大多含有花粉和球果。

近距直击

霸王龙的吼声是怎样的?

电影《侏罗纪公园》（1993年）中曾出现过霸王龙的吼声。那是经过科学手段复原的吗?很遗憾，目前尚没有任何关于霸王龙吼声的科学报告出现。据名为“今日电影”的电影资讯网站透露，《侏罗纪公园》中的霸王龙吼声来自杰克罗素梗，那是一种身长60厘米左右的小型犬。

这是电影《侏罗纪公园》中的一个画面。霸王龙真的能发出像电影里那样震撼大地的吼声吗?

深入阐明霸王龙的捕猎能力

比普通肉食性恐龙更强的肉食性恐龙

最新的研究表明，霸王龙并非普通的恐龙，而是“超级肉食性恐龙”。在我小时候，曾听人讨论过“霸王龙和异特龙哪个强”的问题，现在我们已经得出了答案。异特龙只是普通的肉食性恐龙，而霸王龙则是超级肉食性恐龙，所以霸王龙远比异特龙强悍。当然，我们目前还不十分清楚它强悍的原因，但它在发现猎物、捕杀猎物等方面确实比异特龙更厉害。

我和加拿大学者一起对兽脚类恐龙的脑部构造进行过研究，发现恐龙脑部感知气味的嗅球的大小会随着捕食猎物的不同而发生变化。肉食性恐龙的嗅球很发达，植食性恐龙则不然。不过，霸王龙和驰龙类的恐龙，比其他兽脚类的恐龙嗅球都更发达。这使得它们嗅觉灵敏，能很快发现猎物。不仅如此，发达的嗅球还能帮助它们在黑暗中搜寻到猎物。请大家想象一下，那样凶猛的霸王龙若是在夜间也能四处捕猎，那将是多么可怕的场景啊。另外，敏锐的嗅觉也证明霸王龙即使在北极圈也能照常生活。

■超级肉食性恐龙霸王龙

近年来，对霸王龙的研究越来越深入，特别要指出的是它高超的捕猎能力——灵敏的嗅觉和强劲的脚力，让它在发现猎物、追赶猎物方面的能力远远超过其他恐龙。

适应残酷的环境

2014年，几年前在美国阿拉斯加州发现的新型霸王龙拥有了属于自己的名字“白熊龙”。尽管白垩纪的气候比现在温暖，但当时的阿拉斯加州与现在所处的地理位置基本一致，冬天十分寒冷。不仅如此，冬天的阿拉斯加通常没有太阳，四周一片漆黑，再加上降雪，植物几乎无法生长。面对如此残酷的环境，白熊龙却顽强地生存了下来，并在此地长期生活。当时，在阿拉斯加还生活着埃德蒙顿龙和厚鼻龙等大型植食性恐龙，为白熊龙提供了可供捕食的猎物。而即使在黑暗中也能搜寻猎物的敏锐嗅觉更使得白熊龙如虎添翼。不过，或许是因为当时的阿拉斯加环境十分严酷，能捕获到的猎物数量有限，白熊龙的身材只有霸王龙的一半大。即便如此，它们的牙齿和颚部十分强健，为其捕杀猎物提供了条件。

霸王龙的同伴们克服了阿拉斯加残酷的生存环境，开始从美洲大陆（拉腊米迪亚地区）向亚洲迁移、追捕猎物，占据了北半球生态系统的顶端。

■白熊龙的牙齿和上颚

白熊龙的牙齿（右图）和部分上颚（左图）。据推测，白熊龙全长约6米。其英文名中的“nanuq”在阿拉斯加当地的因纽特语中是“北极熊”的意思，所以白熊龙应该也处于生态系统的顶端。

小林快次，1971年生。1995年毕业于美国怀俄明大学地质学专业，并获地球物理学科优秀奖。2004年在美国南卫理公会大学地球科学科取得博士学位。主要从事恐龙等主龙类的研究。

著名的霸王龙身上仍存在许多谜团

时至 2006 年，已有 45 组霸王龙化石被发掘出来。人们对它的研究日益深入，不过，令人意外的是，目前仍未发现任何关于霸王龙幼体、蛋和巢穴方面的线索。刚孵化出来的幼体身上可能长有保温用的羽毛。幼年恐龙有可能由恐龙妈妈亲自抚育成长，也可能一出生便可独立捕食昆虫等小动物。

刚孵化出来的霸王龙幼体的想象图

原理揭秘

霸王龙究竟是一种怎样的动物？

霸王龙是人类研究最为深入的一种恐龙，同时，它也常被当成电影和小说的创作题材，是最为人所熟知的恐龙之一。大家都很熟悉霸王龙，那么它究竟拥有哪些本领呢？下面，我们将概括介绍它的基本能力和关于霸王龙的最新发现。

霸王龙

学名：*Tyrannosaurus rex*

全长：约12米　**身高**：约5米　**体重**：约6吨

生活年代：白垩纪晚期（约7000万年前—6600万年前）

生活区域：拉腊米迪亚（今北美大陆西部）

腰骨

据推测，霸王龙的体重最大可达6吨，双足行走时，依靠强健的腰骨和后肢支撑自己庞大的身躯。

尾巴

尾骨各部分结合紧密，平时应很少弯曲。从它巨大的头部来看，霸王龙骨骼比例似乎有些失衡，长而直的尾巴正好起到保持身体前后平衡的作用。

注意！找到了判断霸王龙性别的方法

今后或许能确定霸王龙化石的性别。2005年发表的研究论文提出，通过检测分析霸王龙的大腿骨（后肢大腿的骨骼）可以确定霸王龙的性别。科学家们发现霸王龙大腿骨内有一个叫“髓骨”的构造，为产卵期的恐龙提供额外的钙质保障。也就是说，如果检测到“髓骨”，那么就能确定该化石是雌性的。

后肢

与短小的前肢相比，霸王龙的后肢又长又宽，十分有力。而且，它还有一个特点就是后肢为3趾，保证它在捕猎时有足够的力量支撑。

霸王龙的武器

霸主之所以成为霸主——霸王龙强悍的秘密

由于霸王龙拥有其他种类恐龙所没有的捕食特征，科学家们称其为『超级肉食性恐龙』。霸王龙的身体里究竟藏着怎样的秘密？让我们来看看最新的研究成果。

拥有远超其他肉食性动物的惊人破坏力

美国芝加哥菲尔德自然历史博物馆里收藏着世界上最大的霸王龙苏的全身骨骼。当我们面对这头全长 12.8 米，头骨纵深超过 1.5 米的庞然大物时，即使知道它只不过是一具不会动弹的标本也忍不住不寒而栗。那么，霸王龙究竟有多凶猛呢？

发表于 2012 年的有关霸王龙咬合力的研究为我们揭开了这个谜底。科学家们从电脑模拟再现的霸王龙下颚肌肉发现，霸王龙在咬紧牙关时，一颗臼齿可以产生超过 35000 牛的咬合力。这个数字是现在的短吻鳄的咬合力的 10 倍，足以说明霸王龙是有史以来最凶猛的陆生动物。凭借这样的咬合力，霸王龙可以将猎物连骨带肉地咬碎，轻松地将其置于死地。

有一段时间，科学家们倾向于成年霸王龙由于身体过于庞大无法奔跑狩猎，是一种食腐性动物这样的说法。不过，根据最近几年的研究来看，霸王龙作为捕食者具备极强的能力这一点显然已经得到证实。

比较新旧恐龙之王的本领

如果说霸王龙是白垩纪的恐龙之王，那么侏罗纪的恐龙之王就是异特龙。不过，对两者的各项能力进行比较后发现，霸王龙的各方面能力都强过异特龙。作为一种肉食性动物，霸王龙的表现极为优秀。

霸王龙的巨大头骨

在众多的霸王龙骨骼标本中，最著名的就是苏的骨骼标本。它巨大的头骨十分宽阔，长长的牙齿又粗又尖。据推测，霸王龙一口最多可以吃进约 230 千克的肉。

为什么说它“最强悍”呢？让我们来试着破解这个谜团吧。

异特龙是生活在侏罗纪晚期的肉食性恐龙，全长约8.5米，体重约1.5吨，是当时体型最大的肉食性恐龙。研究表明，异特龙主要猎捕剑龙等动物为食。

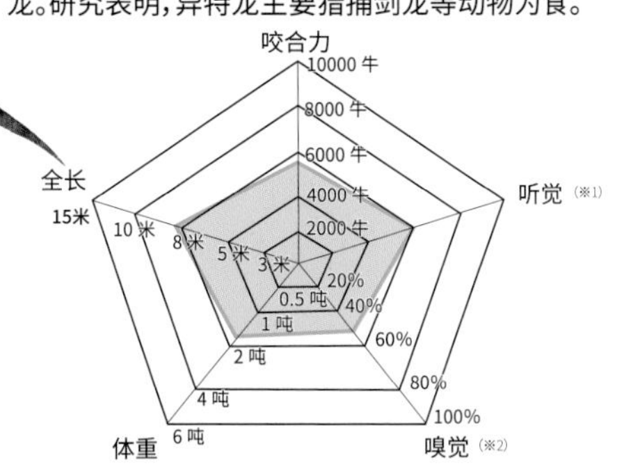

※[1]异特龙的数据是根据霸王龙的优异听觉为基准进行比较后得出的。
※[2]脑半球直径与嗅球直径的比例（霸王龙71%、异特龙51%）

霸王龙 | *Tyrannosaurus rex*

霸王龙的体格当然不用说，咬合力极其强大是它的最大特点。霸王龙之所以能成为霸主，原因就在于能把猎物“连骨带肉地咬碎”。

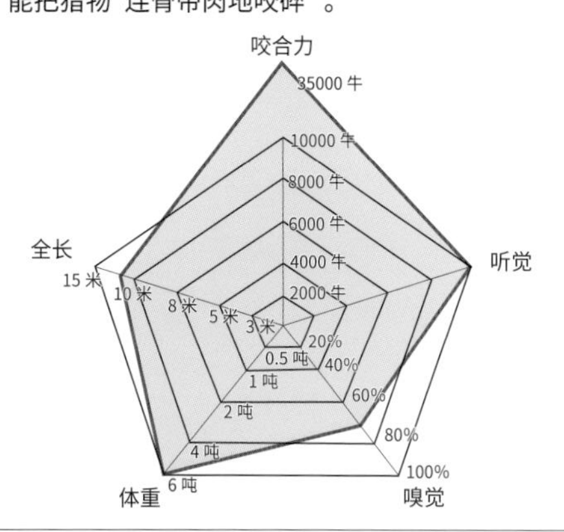

现在我们知道！

霸王龙拥有大而宽的牙齿和颚部，通过出色的嗅觉和脚力捕食猎物

恐龙时代前后超过 1 亿 6000 万年。这漫长的岁月或许正是给恐龙提供进化时间的“跑道”，而霸王龙就是它的终点。与地球史上所有存在过的肉食性动物相比，霸王龙具备了一个杰出“猎手”的品质。下面，我们结合最新知识对它进行具体描述。

追捕猎物的灵敏嗅觉

霸王龙之所以被称为超级肉食性恐龙，理由之一就是它的嗅觉。霸王龙的嗅觉十分灵敏，能够定位躲在暗处或尚在远方的猎物，无疑是捕猎的重要武器。

但是，要了解动物的嗅觉，必须通过解剖和实地观察狩猎过程进行考证，所以，要研究已灭绝的恐龙的嗅觉十分困难。不过，科学家们从对动物脑部构造的研究中获得了启发。脑部长有主司嗅觉的嗅球[注1]和主司视觉的视叶。从它们的大小上可以判断动物的嗅觉和视觉能力。虽然像大脑这样的软组织无法变成化石留存下来，但化石中保留了曾经装有大脑的“脑颅”，科学家们通过用 CT 扫描脑颅的形状，可以推测出大脑的容积和构造。

将霸王龙的头骨做 CT 扫描后发现，其嗅球远远大于其他肉食性恐龙。这说明霸王龙拥有非常灵敏的嗅觉，即使在黑暗中，也很少有猎物可以完全逃脱它的捕杀。

关于霸王龙的脚力众说纷纭

那么，霸王龙追赶动物的速度有多快呢？科学家们通过对恐龙的体重、骨骼的运动方式和肌肉量等进行推测，在计算机上还原它们奔跑的方式，进而推算出恐龙奔跑的速度。由于以体重为基础的测算方法在学者间各不相同，测算出来的结果也各种各样。

霸王龙的牙齿

牙齿很粗，最长可达30厘米。牙齿边缘排列着被称作“锯齿”的细小凹凸，便于切断猎物的肉。牙根很长，牢牢地扎进颚部。

咬合力的比较

霸王龙的咬合力可达35000牛顿，远远胜过其他动物。顺便对比一下，人类的咬合力最大只有1000牛顿。

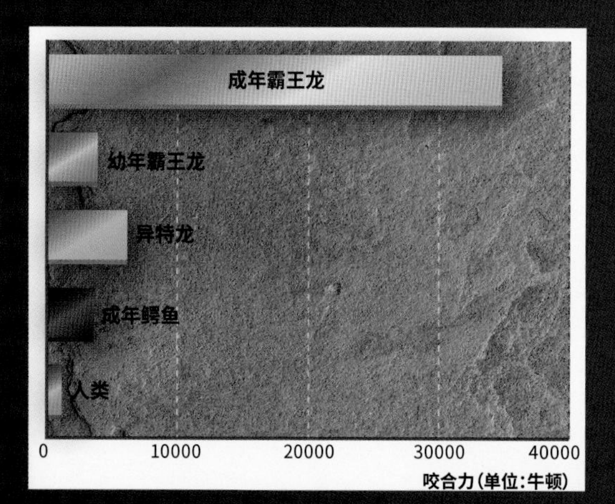

嗅觉也特别发达

让我们比较一下霸王龙和始祖鸟的脑部结构。始祖鸟的视叶大，视力好，而霸王龙的嗅球大，嗅觉特别发达。

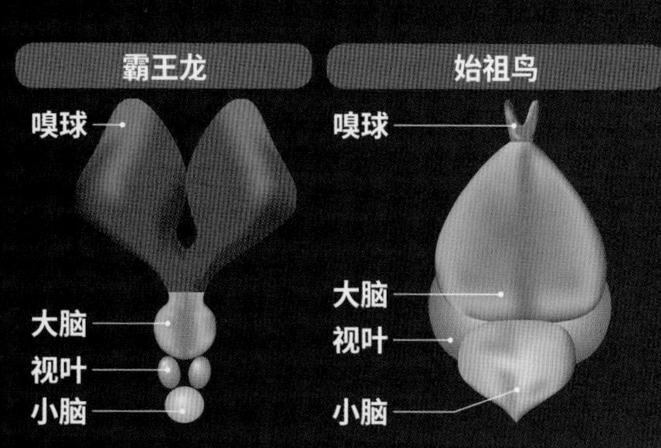

霸王龙强壮的颚部

霸王龙上下颚部的骨骼比其他大型肉食性恐龙宽，而且特别坚固。从下颚延伸出来的粗壮肌肉能产生强大的力量将猎物连骨带肉地咬碎。

霸王龙的“猎物”们

从发现霸王龙化石的地层中，科学家还发现了以三角龙为首的角龙类以及鸟脚类和甲壳类等多种植食性恐龙化石。这些恐龙应该都是霸王龙的猎物。

三角龙
Triceratops

埃德蒙顿龙
Edmontosaurus

甲龙
Ankylosaurus

其中，2002年英国皇家兽医学院教授提出的时速18千米注2的说法较为著名。雌狮奔跑的最快时速为60千米，纯种马的奔跑时速是70千米。而体重在6吨左右的巨型霸王龙奔跑时，需要调动大量的肌肉，因此从骨骼上推测出来的肌肉量限制了它的奔跑速度。

但是，2011年加拿大阿尔伯塔大学的研究小组发表了新的观点。他们认为，霸王龙尾部与大腿骨注3之间有肌肉相连，奔跑时摆动尾部可以帮助后肢运动。电影《侏罗纪公园》里曾出现霸王龙对全速逃跑的汽车紧追不放的画面，看来也未必纯属夸张。

霸王龙捕食的猎物也是大家伙

对霸王龙来说，它们生活的拉腊米迪亚地区里所有的恐龙都是捕食对象。其中主要的猎物是埃德蒙顿龙等鸭嘴类恐龙和三角龙。鸭嘴类恐龙是拉腊米迪亚地区数量最多的植食性恐龙。最大的埃德蒙顿龙全长可达13米，三角龙的全长也可达8米，都是大型植食性恐龙。这些比象还要大的捕猎者和猎物之间的殊死较量显然是地球生命史上最壮烈的场面。然而，就是这占据着生态系统顶端的霸王龙在6600万年前，在突如其来的小行星撞击下拉上了恐龙时代的大幕。从此，它们的身影从地球上消失了。

三角龙骨骼上残留的伤痕

霸王龙袭击植食性恐龙的直接证据是成为猎物的恐龙的化石上残留着霸王龙的牙印。上图为三角龙头骨的一部分，上面残留着霸王龙的牙印（下端沟槽部分）。

科学笔记

【嗅球】 第56页 注1
指大脑前部主司嗅觉的区域。动物在感知气味时，首先通过鼻腔里的嗅觉细胞接收气味分子，气味信息经嗅球处理后到达嗅觉中枢，这样动物就可以闻到味道了。

【时速18千米】 第57页 注2
这是英国皇家兽医学院约翰·哈钦森教授用计算机复原霸王龙的肌肉生长状况、计算其全身肌肉重量得出的霸王龙奔跑速度。此外，在2007年，曼彻斯特大学的威廉·塞拉斯和菲利浦·马宁通过其他奔跑模型测算出霸王龙的奔跑时速在30千米左右。

【大腿骨】 第57页 注3
指后肢大腿上的骨骼。连接霸王龙尾部和大腿骨的肌肉称长尾大腿肌。据推测，霸王龙在摆动尾巴时会牵扯到大腿骨。一般认为，霸王龙的尾部可以帮助它在行动时保持身体平衡，这表明它在霸王龙奔跑时也可能发挥着重要的作用。

观点碰撞

霸王龙的奔跑速度和大象差不多？

2010年发表的研究结果显示，无论动物的体形有多大，神经信号传导的速度是一定的。也就是说，动物的体形越大，它的脚部受到刺激后，信号传到大脑的时间就越长。这个研究说明，大象行动缓慢是因为它的脚部感觉要经过很长的时间才能被感知到。如果这个研究结果也适用于霸王龙，那么霸王龙就不太可能是行动灵活的动物。不过，大象有时也会奔跑，而恐龙总体来说体形都很大，所以关于这方面的讨论仍非常值得期待。

奔跑时的非洲象。最高时速可达40千米

第4步

咬食颈部肌肉

三角龙的头部翻过来后，颈部肌肉暴露无遗。这时，霸王龙就该满口是血地大肆享用三角龙柔软的肌肉和藏在褶皱下的软组织了。

新闻聚焦

它会是霸王龙的意外天敌吗？

占据生态系统顶端的霸王龙似乎也存在无法抵御的对手。在美国菲尔德自然历史博物馆收藏的霸王龙苏的骨骼标本的颚部，发现了十来处不可思议的空洞，大小可以穿过成年人的手指。2009年的研究报告表明，产生这些空洞的原因是三鞭虫，也就是现在主要以鸽子为宿主的一种寄生虫的祖先。霸王龙被三鞭虫感染后，颚部四周发炎，继而深入骨骼，形成空洞。因此苏有可能是由于病情严重导致无法捕食而最终饿死。科学家们在阿尔伯塔龙身上也发现了寄生虫留下的痕迹，或许对于大型兽脚类恐龙来说，寄生虫的存在是一种极大的威胁。

被寄生虫感染后极度痛苦的霸王龙的想象图

第3步

撕扯鼻部

一旦三角龙的颈部肌肉暴露，为了方便进食，霸王龙就会把它的头部从身上扯下。霸王龙绕到三角龙脸部的一侧，咬住它的鼻部开始撕扯。于是，连接三角龙头部和身体的肌肉被完全撕裂，头部被整个扯下来。

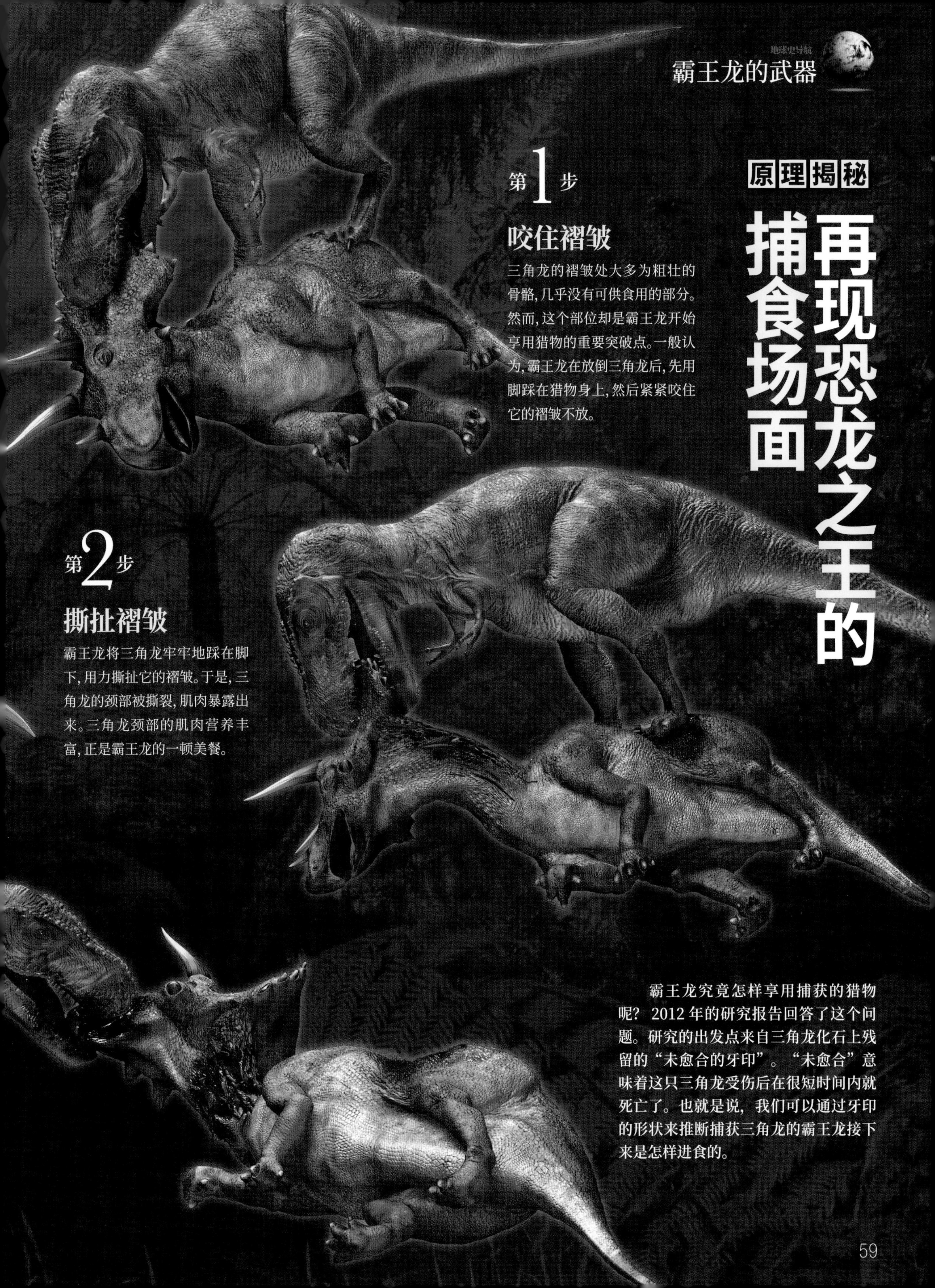

原理揭秘

再现恐龙之王的捕食场面

第1步

咬住褶皱

三角龙的褶皱处大多为粗壮的骨骼，几乎没有可供食用的部分。然而，这个部位却是霸王龙开始享用猎物的重要突破点。一般认为，霸王龙在放倒三角龙后，先用脚踩在猎物身上，然后紧紧咬住它的褶皱不放。

第2步

撕扯褶皱

霸王龙将三角龙牢牢地踩在脚下，用力撕扯它的褶皱。于是，三角龙的颈部被撕裂，肌肉暴露出来。三角龙颈部的肌肉营养丰富，正是霸王龙的一顿美餐。

霸王龙究竟怎样享用捕获的猎物呢？2012 年的研究报告回答了这个问题。研究的出发点来自三角龙化石上残留的“未愈合的牙印”。“未愈合”意味着这只三角龙受伤后在很短时间内就死亡了。也就是说，我们可以通过牙印的形状来推断捕获三角龙的霸王龙接下来是怎样进食的。

霸王龙

| *Tyrannosaurus rex* |

已经消失的恐龙时代的暴君

截至目前，已经发现了45组霸王龙化石，其中大多数是霸王龙骨骼的一部分，留存超过全身一半骨骼的化石只有2组。然而，通过这些残缺不全的骨骼化石还是还原出了霸王龙的全身骨骼，并成为世界各地博物馆的珍品，为人们所熟悉。下面，让我们来看看目前能参观到的霸王龙都有哪些。

发现霸王龙的地方

目前只在北美大陆西部发现了霸王龙的化石。这片区域北起加拿大阿尔伯塔省，南到美国新墨西哥州，南北长约2000千米，这个距离若是放在中国，大约就是从北京的长城到厦门的鼓浪屿之间。霸王龙就是在这片区域繁衍生息的。

【苏】

| *Sue* |

全长12.8米，骨骼保存较为完整，是目前发现的最大的恐龙骨骼。由于保存状态良好，科学家们得以通过化石表面的肌肉痕迹复原它的肌肉构造，并根据骨骼断面推算出它的年龄。苏的生存环境较为艰苦，肋骨上有两处骨折后愈合的痕迹。当初因为没有找到尾部的血管弓，暂且将其视为雌性。后来，又发现了血管弓的存在，尚无法判断它的性别。

发掘化石的现场。照片左侧的女士为发现者苏·亨德里克森，标本便是用她的名字命名的

数据			
发现年份	1990年	发现地	美国南达科他州
标本编号	FMNH PR2081	化石保存率	73%
收藏机构	菲尔德自然历史博物馆（美国）		

【斯坦】

| *Stan* |

斯坦的牙齿长达29厘米，形状为平缓的长弧形，与人类的手臂一样粗

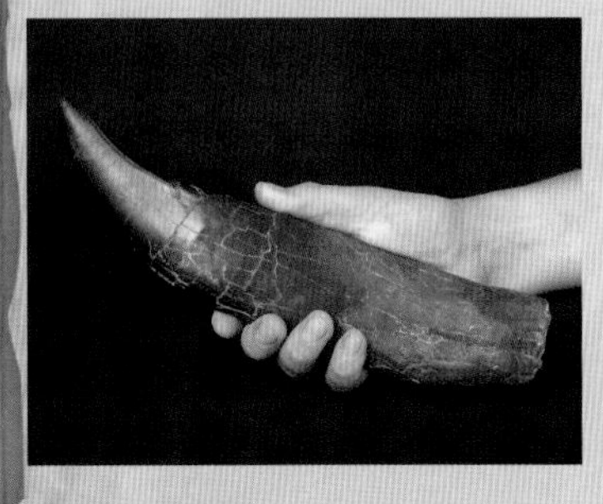

斯坦是化石保存率仅次于苏的恐龙标本。根据血管弓的数量推测出它的性别为雄性。将苏和斯坦进行比较后发现，雌性霸王龙的体形较大，但目前还不能下结论。2012年，有科学研究指出，霸王龙的咬合力可以达到35000牛，而得出这个计算结果的模型就是斯坦的头骨。位于东京上野的日本国立科学博物馆里展示着霸王龙斯坦复原骨骼的复制品。

数据			
发现年份	1987年	发现地	美国南达科他州
标本编号	BHI 3033	化石保存率	63%
收藏机构	黑山地质研究学院（美国）		

【黑美人】

| *Black Beauty* |

黑美人发现于阿尔伯塔省南部的克罗斯内斯特隘口附近的河岸边。下图为发掘现场的照片

这头霸王龙向我们展示了一个仰面朝天、似乎在发出临危怒吼的“死亡姿势”。关于部分恐龙化石呈现“死亡姿势”的原因众说纷纭。有一种解释是恐龙在濒死之际肌肉痉挛，死后颈部韧带收缩。而化石之所以为黑色，是由于骨骼在变成化石的过程中被含有锰的地下水浸泡过。因其神秘的色彩和形状，人们亲昵地叫它“黑美人”。

数据			
发现年份	1980年	发现地	加拿大阿尔伯塔省
标本编号	RTMP 81.6.1	化石保存率	28%
收藏机构	皇家泰瑞尔古生物学博物馆（加拿大）		

【巴奇】

| *Bucky* |

在2011年日本国立科学博物馆的专题展览中，我们第一次看到了被复原的蹲姿霸王龙标本。与它庞大的身躯相比，霸王龙的前肢还不到1米，十分短小，其作用至今仍是一个谜。此次复原是基于前肢主要在霸王龙从蹲姿到站立的转变过程中起作用这一理论，对其重心位置进行了详细的测算后完成的。巴奇的头骨目前尚未被发现，展出时的头部是参考其他标本制作出来的。

在收藏该标本的印第安纳波利斯儿童博物馆，则是以站姿进行展示的。（图中左侧是巴奇）

数据			
发现年份	1998年	发现地	美国南达科他州
标本编号	TCM 2001.90.1	化石保存率	34%
收藏机构	印第安纳波利斯儿童博物馆（美国）		

近距直击

围绕苏展开的所有权之争

在苏公开展出前，一场围绕着它展开的所有权之争一直在进行。1990年黑山地质研究学院的苏·亨德里克森女士发现了苏的化石。当时，这片土地的所有者并不清楚苏的价值，便打算转让，后来突然改变态度，想要回苏的所有权，便诉之法律。于是，FBI派相关人员没收了化石。经过几年的争执，最后法庭宣布将苏的所有权投入竞拍，并于1997年实施。得到迪士尼援助的菲尔德博物馆以史上最高的恐龙化石购买价810万美元购得苏的化石。2000年，霸王龙苏开始公开展出，人们才得以看到它的真面目。

芝加哥菲尔德自然历史博物馆

【简】

| *Jane* |

简可能是目前世界上唯一留存的未成年霸王龙，全长约7米，体形较小。通过测量骨骼中的生长停滞线，推断出它是一头11岁左右的霸王龙。然而，简的上颚一侧牙齿有17颗，较一般霸王龙的13颗多。有学者认为，这是因为霸王龙发育时牙齿可能会脱落，但也有学者认为，它并非霸王龙而是矮暴龙。

数据			
发现年份	2001年	发现地	美国蒙大拿州
标本编号	BMRP 2002.4.1	化石保存率	52%
收藏机构	伯比自然历史博物馆（美国）		

浮在海面上的巨大沙岛

弗雷泽岛

位于澳大利亚昆士兰州，1992年被列入《世界遗产名录》。

弗雷泽岛位于澳大利亚东海岸，是世界上最大的沙岛。由澳洲大陆上的泥沙在14万年前被雨水冲刷后沉积而成。充沛的雨量使岛内形成了茂盛的亚热带雨林，并分布着40多个淡水湖。此外，岛上还蕴藏着罕见的生态宝藏，与美丽的自然景观同样珍贵。

弗雷泽岛上多样的自然环境

马凯斯湖

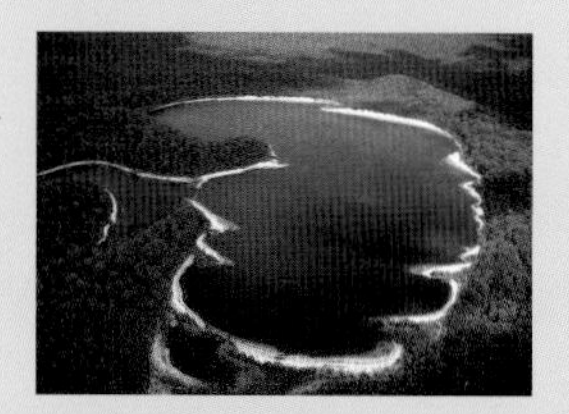

水深约5米，纯白色沙滩和蓝色湖水层次分明。由雨水汇聚在不易排水的砂土层上形成。

亚热带雨林

弗雷泽岛是世界上唯一一个在沙土上生长热带雨林的地方。森林中生活着数百种鸟类和其他多种野生动物。

沙丘

弗雷泽岛的东部散落着大大小小高达240米的沙丘。这些沙丘分布在亚热带雨林之间，再次提醒我们，这是一座由沙泥形成的岛屿。

印第安角

位于弗雷泽岛东北部一处高度为60米的断崖。是岛内仅有的3个裸露火成岩地区之一。

笔直绵延的 75 英里海滩

南北狭长的弗雷泽岛全长约 120 千米，平均宽度 15 千米。被亚热带雨林包围的沙丘在风力作用下，以每年约 1 米的速度向内陆移动。岛的东岸有一片被称作“75 英里海滩”的白色沙滩，南北长约 90 千米。失事船玛希诺号的残骸搁浅在沙滩上。

落日时分的奇异光芒

绿光

人们一直在传说一天将尽时发生的那个罕见景象。『看见那道光的人都能找到真爱。』由太阳和地球上的大气层共同创造的那道绿光究竟是什么？

不知道最早是由谁提出的叫法，也极少有人看见过。

不过，在夏威夷等南方海岛上一直流传着这样的说法：“一起看见那道光的恋人一定会得到幸福”“看见那道光就能找到真爱”。在科幻小说家儒勒·凡尔纳于1882年发表的小说《绿光》中，他把那道绿光称作“奇异之绿”“天堂之绿”，还说看到过绿光的人“不但能了解自己的内心，还能读懂他人的心”。1987年，在日本上映的电影《绿光》中描绘了一位等待那道奇异光线出现的女子，其中也引用了凡尔纳的这部作品。

绿光，又被称为绿色闪光，是一种极为罕见的自然现象。它通常出现在火红的太阳落入海平面的一瞬间（或者是升起的瞬间）。正如“闪光”二字所言，它就是一闪而过的光芒。那么，到底是什么创造了这种“天堂之绿”呢？

夕阳为什么这么红？

我们先来解决一下为什么夕阳看上去特别红的原因。不，在此之前，我们还得先解释一下，为什么晴朗的天空会是蓝色的呢？

就像我们看到的彩虹一样，太阳的可见光由七道波长各异的光线组成，按波长从短到长分别是紫、靛、蓝、绿、黄、橙、红。然而，在光线进入大气层时，会遇到空气中的氧、氮分子，向四方散射出去，也就是1904年诺贝尔物理奖得主英国物理学家瑞利勋爵发现的“瑞利散射”现象。

散射发生时，波长最短的紫、靛色光还没有到达地球就已经被散射出去了。所以，地球上的人们用肉眼无法看见它们。而波长第三短的蓝光比波长最长的红光容易散射，最容易被人类的眼睛看到，所以天空看起来是蓝色的。

那么，当太阳偏西，逐渐接近海平面时又是怎样的呢？太阳西斜时，其光线穿过大气层到达地面时的距离要比白天长数千米，所以这时蓝光会遇到更多的大气分子、水蒸气和微尘，从而被散射到空气中，无法被人类的肉眼看见。

于是，不太容易被散射的黄色、橙色和红色光线进入眼中，傍晚的太阳看起来就红彤彤的。日出时我们能看到红色的太阳也是因为同样的原因。

顺便说一句，当人们眺望渐渐落到海平面之下的夕阳时，其实太阳已经移动到我们看不见的位置。也就是说，我们其实只是看到了太阳的幻影。

而我们之所以会觉得太阳还未完全落下，是因为大气层贴着圆形的地球表面形成了一面弧形的“镜子”，把太阳光折射

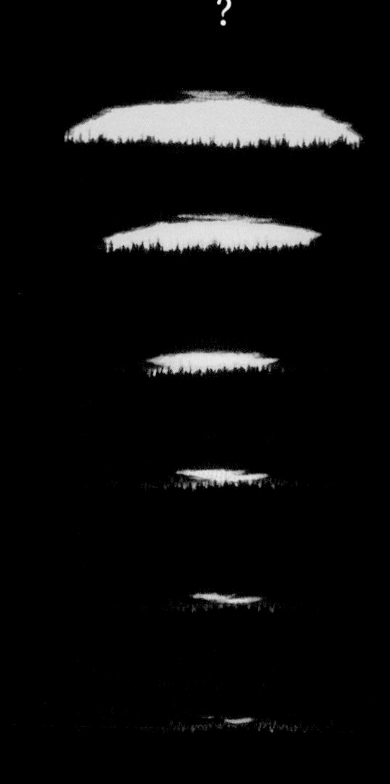

2012年6月21日夏至日，在瑞典中部的岛屿上分时拍摄的落日。拍到了绿色和蓝色的光线

1992 年，在芬兰观察到的奇迹瞬间。太阳下山后，地球的大气层变成了一面镜子，海平面上出现了橙色和绿色的光线

2012 年 5 月 6 日，在法国布列塔尼地区的一个海港，月亮从海平面上升起时，天空出现绿光。那天正是月球最接近地球的一个满月之夜，空中出现了“超级月亮”

到了地表。于是，在太阳的幻影消失的瞬间，出现在我们眼前的很有可能就是绿光。

折射与斜角创造的神奇瞬间

“绿光”是怎样产生的呢?

正如前文所述，绿光的波长短于黄、橙和红光，也就是说绿光的折射角要大于上面三种光。当太阳西沉时，太阳逐渐被地球遮住，直至完全消失。于是，折射过来的黄光和红光最后也看不见了。

毕竟是传说中（让你）“能找到真爱”的神奇光芒，这道绿色闪光的出现需要满足极其严苛的自然条件。

首先，大气要足够澄净，让人可以看见金色的太阳；其次，与形成海市蜃楼的条件一样，海面或地表与高空之间要有一定的温度差，并且与大气的波动等有着密切的关联。此外，纬度越高的地方，太阳西斜的速度看起来慢一些，火红的太阳可以一直保持到它和海平面相交的那一瞬间，这时观察到绿色闪光的概率就大大提高了。

据说，在中纬度地区的美国加州西海岸、日本富士山顶和北海道知床等地也能看到绿光。而南极和北极的观察条件更好，当然也有人在南方岛屿上见到过绿光。

至于到底能不能与绿光相遇，就完全看运气喽。

长知识！地球史问答

Q 霸王龙是怎样休息的？

A 我们很难知道已经灭绝的动物是如何休息的。因为，作为化石留存下来的一般都是动物的“死亡姿势”。“已经不会动的姿势”和“休息后还能恢复正常活动的姿势”是完全不同的。但是，我们从恐龙脚印的化石上可以推断，不仅是霸王龙，很多的兽脚类恐龙休息时的姿势应该都是坐下并垂下尾巴。还有人认为霸王龙从这个姿势变换到站立姿势时，可能会用短小的前肢撑一下地面，帮助它将整个身体站起来。由于头部实在太重，给前肢造成很大的负担，导致负重的叉骨上经常有骨折的痕迹。

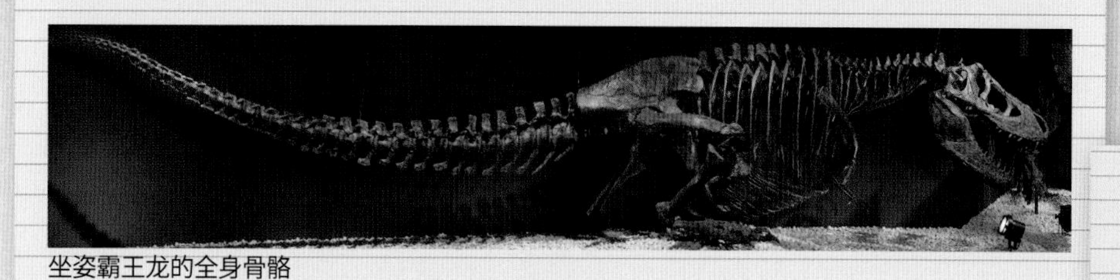
坐姿霸王龙的全身骨骼

Q 日本没有霸王龙吗？

A 目前，霸王龙化石仅出现在白垩纪的拉腊米迪亚地区，即现在的北美大陆西部。目前，除了北美大陆以外还没有任何关于霸王龙的发现报告，更不用说日本了。不过，特暴龙、羽暴龙、冠龙和帝龙等“霸王龙类”的化石也有一些是在亚洲发现的。日本也发现过霸王龙类的牙齿化石，只是现在还不确定属于哪一种。

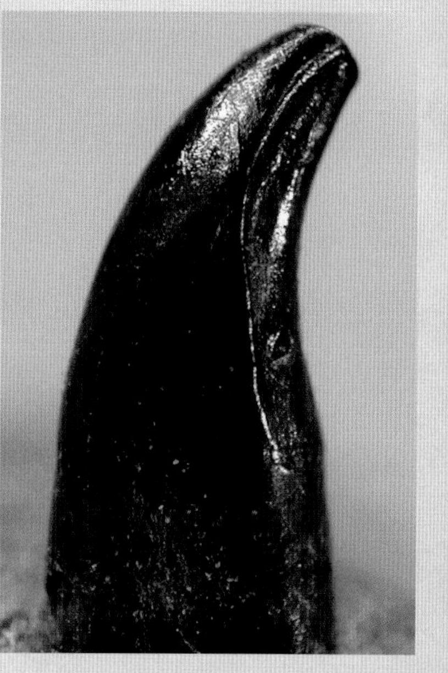
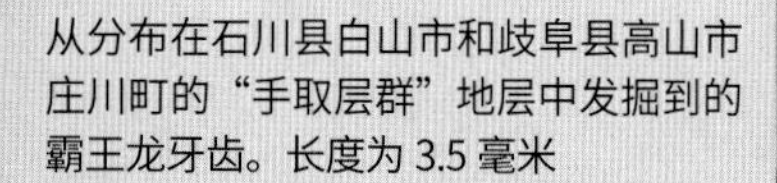
从分布在石川县白山市和岐阜县高山市庄川町的“手取层群”地层中发掘到的霸王龙牙齿。长度为 3.5 毫米

Q 霸王龙是腐食性动物吗？

A 有人认为霸王龙不善于捕猎，只吃动物的尸体。但是，持这种观点的学者并不多，属于少数派。因为，即使是现存的捕猎动物，也并非“纯捕猎”的。大部分动物既捕猎，也吃身边的新鲜尸体。至于霸王龙，我们已经发现了“遭霸王龙袭击后痊愈的植食性恐龙”的化石。这个“痊愈”就意味着霸王龙是会袭击活物的。

鬣狗堪称现生腐食性动物的代名词，但它同时也会捕食斑马、牛羚等

Q 迄今为止一共发现了多少组霸王龙的化石？

A 霸王龙的化石自 20 世纪 90 年代以来不断地被发现，根据截至 2006 年的报告资料显示，目前已发现的霸王龙化石共有 45 组。这个数目在兽脚类动物化石标本中已不算少。正是这些化石为我们提供了许多有关霸王龙的信息。只是，这些化石大多只是化石中的一部分，很少有接近完整的霸王龙化石。化石保存率超过 50% 的霸王龙标本目前只有两头，而超过 70% 的就只有“苏”这一头了。尽管霸王龙简的化石保存率也超过了 50%，但有科学家认为它是未成年的霸王龙，也有科学家认为它有可能是矮暴龙，故不被列入霸王龙化石的统计数据。

化石保存率较高的霸王龙

	名称	保存率	发现地	所藏机构
第1	苏/Sue	73%	南达科他州	菲尔德自然历史博物馆
第2	斯坦/Stan	63%	南达科他州	黑山地质研究学院
第3	旺克尔/Wankel T.rex	49%	蒙大拿州	洛基博物馆
第4	AMNH 5027	48%	蒙大拿州	美国自然历史博物馆
第5	奥利/Ollie	41%	蒙大拿州	北美大平原化石公司

数据来源：《恐龙之王霸王龙》(2008)

巨型肉食性恐龙繁荣

1 亿 2000 万年前—8000 万年前

[中生代]

中生代是指 2 亿 5217 万年前—6600 万年前的时代，是地球史上气候尤为温暖的时期，也是恐龙在世界范围内逐渐繁荣的时期。

第 69 页　图片 / 乔尔 · 萨尔托雷 / 国家地理创意 / 阿玛纳图片社
第 70 页　图片 / 卡万图片社 / 阿拉米图库
第 72 页　插画 / 月本佳代美　描摹 / 斋藤志乃
第 75 页　插画 / 服部雅人　描摹 / 斋藤志乃
第 76 页　图表 / 三好南里
第 77 页　插画 / 服部雅人
　　　　　图片 / PPS
　　　　　图片 / 地质古生物学工作室
第 78 页　图片 / 小林快次　插画 / 服部雅人
　　　　　图片 / PPS
第 79 页　图片 / 小林快次
第 81 页　插画 / 服部雅人
第 82 页　图片 / 弗恩班克自然历史博物馆，美国亚特兰大
第 83 页　图片 / 地质古生物学工作室
　　　　　图片 / 饭田市美术博物馆 / 高桑祐司 / 群马县自然历史博物馆（摄影）
　　　　　图片 / INTERFOTO / 阿拉米图库
第 84 页　图片 / 皮科斯塔图片社
　　　　　地图 / 123RF
　　　　　图片 / PPS
　　　　　图片 / 照片图书馆　插画 / 服部雅人
第 86 页　插画 / 劳尔 · 马丁
第 88 页　插画 / 服部雅人
　　　　　插画 / 服部雅人　图表 / 三好南里
　　　　　图片 / 多伦多人 / 阿拉米图库
第 89 页　图片 / 阿玛纳图片社 图表 / 三好南里
　　　　　图片 / 斯蒂芬 · 布鲁萨托
第 90 页　图表 / 三好南里
　　　　　插画 / 服部雅人
第 91 页　图片 / 埃里克 · 斯尼瓦利
　　　　　图片 / 安德鲁 · 法尔克
第 92 页　地图 / C-Map
　　　　　图片 / 123RF
　　　　　图片 / A-JA 公司
　　　　　图片 / 123RF
　　　　　图片 / PPS
第 93 页　图片 /Dpa 图片联盟档案 / 阿拉米图库
　　　　　图片 / 阿尔科图片公司 / 阿拉米图库
　　　　　图片 / 穗别博物馆
　　　　　图片 / PPS
　　　　　图片 / 123RF
　　　　　图片 / PPS
　　　　　图片 / 123RF
　　　　　图片 / PPS
　　　　　图片 / 123RF
第 94 页　插画 / 三好南里
第 95 页　图片 / 土屋明
第 96 页　图片 / 照片图书馆
第 97 页　图片 / 美国国家航空航天局 / 哈勃望远镜
　　　　　图片 / 联合图片社
　　　　　图表 / 三好南里
　　　　　图片 / A-JA 公司
第 98 页　插画 / 服部雅人
　　　　　图片 / 日本福井县立恐龙博物馆
　　　　　插画 / 服部雅人

—顾问寄语—

北海道大学综合博物馆副教授　小林快次

白垩纪晚期，恐龙称霸地球。
在我们这些哺乳动物无法企及的体形巨大、性情残暴等多样性上，它们不断追求并进化到极致。
它们是如何进化到这种程度的，又为什么要进化到这种程度，至今还有很多未解之谜。
恐龙研究者们带着诸多疑问投入研究，每解开一个谜团，都能感受到生命的伟大。
让我们一起走进恐龙王国的最终章吧！

世界最大的恐龙化石产地之一

辽阔而荒芜的“恶地”横跨加拿大西南部和美国西北部，在这里可以挖掘到白垩纪晚期的恐龙化石。约 2 亿 3000 万年前拉开帷幕的恐龙时代，在 6600 万年前的白垩纪末戛然而止。其中，白垩纪晚期恐龙种类最多，也是暴龙、三角龙这些“明星级”恐龙威风八面的时期。从这片荒凉的土地上，我们得以窥见昔日陆地霸主留下的痕迹。

加拿大阿尔伯塔省的省立恐龙公园

恶地是从加拿大西部的阿尔伯塔省绵延至美国西北部的蒙大拿州的广阔化石产区。位于阿尔伯塔省红鹿河谷的省立恐龙公园，是这一带最主要的化石产地之一，至今已发现 500 多块恐龙化石，于 1979 年被列入《世界遗产名录》。

恐龙时代的全盛时期

数以百计的厚鼻龙成群穿梭在一望无际的针叶树林里。长达9米的肉食性恐龙阿尔伯塔龙从远处围过来，等候着捕猎的良机。这里是白垩纪晚期的北极圈，相当于现在的阿拉斯加周边地区。虽然白垩纪时期的气候比现在温暖，但在极昼和极夜轮番上阵的极地，每次季节更替都伴随着剧烈的气温变化。恐龙，作为一种耐寒能力较弱的爬行动物，竟然能在极地形成大规模的群体，可见它们对地球上各种环境的适应程度之高、扩散范围之广。在距离其初次登场一亿多年后的白垩纪晚期，恐龙家族迎来了空前的繁荣。

厚鼻龙
阿尔伯塔龙

恐龙鼎盛期

多样化发展的恐龙

『恐龙最繁荣的时期』到来

因为发现的恐龙种类最多，白垩纪晚期又被称为恐龙的鼎盛时期。这个时代，不仅有许多知名度高的恐龙，『最长』『最快』等纪录的保持者也不在少数。

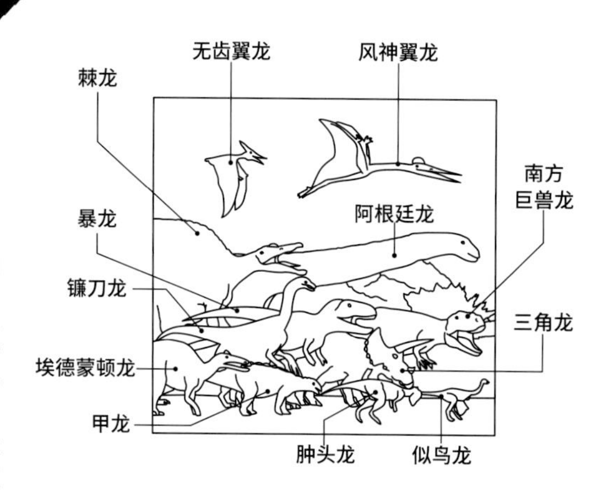

白垩纪晚期，恐龙家族的繁荣达到了顶峰

在大约2亿2700万年前的阿根廷，最早的恐龙出现了。到了1亿多年后的白垩纪晚期（1亿50万年前—6600万年前的时期），恐龙的多样性达到了巅峰。

从白垩纪晚期地层中发现的恐龙化石的种类证实了这一点。目前发现的全部恐龙属中的四成来自这个时代的地层，且越接近白垩纪末，数量越多。

这一时期，陆地上的景象大概是自地球上有生命诞生以来，最有活力也最丰富多彩的。北美大陆上，巨大的兽脚亚目恐龙暴龙与拥有三个角的植食性恐龙三角龙展开殊死搏斗；南美大陆上，史上最大的恐龙之一、全长可达30米的阿根廷龙阔步行走；而在亚洲，可以看到爪子长度接近成人胳膊的奇特恐龙镰刀龙的身影。

这些知名度高又充满个性的恐龙，在世界范围内迎来了空前的繁荣。

繁盛的恐龙家族

从三叠纪到白垩纪，恐龙时代持续了1亿6000多万年。其中，白垩纪晚期是恐龙种类最多样也最繁盛的时期。图为白垩纪晚期各种著名的恐龙和翼龙齐聚一堂的想象图（图中的恐龙和翼龙并非生活在同一时代和地区）。

总之，这是个“明星”
辈出的时代！

恐龙时代屈指可数的“个性派”们

白垩纪晚期，恐龙的多样化达到了最高峰，形态各异的恐龙在世界各地涌现。其中不乏那些从1000多种同类中脱颖而出并获得“第一”称号的极具特色的恐龙。

最快

似鸟龙 | *Ornithomimus* |

四肢的爪子由 3 节骨头组成并发生了特殊化，从而具备了像弹簧一样的柔韧性，可以吸收高速奔跑时产生的冲击。据推测，似鸟龙的最高时速可达 60 千米。它们独特的羽翼在成年后才会长出来。

数据	
全长	约3.5米
分类	蜥臀目兽脚亚目
生存年代	白垩纪晚期
分布区域	美国西部

最强

暴龙 | *Tyrannosaurus* |

傲人的颌骨是暴龙的一大特征。得益于此，暴龙在捕猎上所向披靡，让其他大型肉食性恐龙望尘莫及。因此，暴龙近年也常被称为“超级肉食性恐龙”。

数据	
全长	约12米
分类	蜥臀目兽脚亚目
生存年代	白垩纪晚期
分布区域	加拿大西部、美国西部

现在我们知道！

恐龙中的『第一』都集中在白垩纪晚期？

早期的恐龙，如三叠纪晚期的始盗龙、曙奔龙等，体形与大型犬差不多且外形大同小异。到了白垩纪晚期，经过漫长的 1 亿多年，恐龙的形态也发生了巨大变化。

极度多样化的恐龙

白垩纪晚期的恐龙，无论是形态、大小，还是能力等各个方面的多样化都达到了前所未有的程度。因此，那些称得上恐龙界“第一”的物种大多都是白垩纪晚期的“居民”。比如，化石在阿根廷被发现的蜥脚亚目恐龙阿根廷龙，无论长度还是重量，都是迄今为止地球上存在过的陆生动物之最。目前虽然只发现了它们的脊椎等部分骨骼，但是阿根廷龙一节脊椎骨的长度就有 1.3 米。据推测，体形最大的阿根廷龙全长可达 36 米，体重可达 70 吨。

说到恐龙进化的多样性程度之高，还有很多不得不提的例子。比如，生活在白垩纪晚期的北美大陆的似鸟龙。这种全长约 3.5 米的兽脚亚目恐龙，由于长得有点像现代

观点碰撞

为什么白垩纪晚期有那么多恐龙？

目前已发现的恐龙“属”中，有四成来自白垩纪晚期。如果只看这个数据，白垩纪晚期确实是恐龙数量较多的时期。事实上，已发现的白垩纪晚期的地层数量也比其他时期多。地层年代越新，被发现的概率越大，而化石是从地层中挖掘出来的，所以地层数量越多，化石产量也就越大。白垩纪晚期的恐龙数量之所以那么多，也可以说是因为地层数量多的缘故。

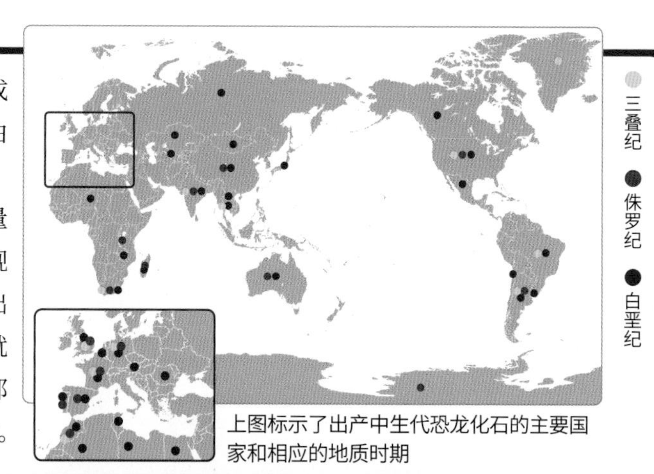

上图标示了出产中生代恐龙化石的主要国家和相应的地质时期

最大

阿根廷龙 | *Argentinosaurus*

即使在“蜥脚亚目”植食性恐龙家族中也显得格外巨大的物种。毫无疑问是目前发现的体形最大的恐龙之一，但由于线索较少，研究者们对其全长的推测数值各不相同。

数据	
全长	30米以上
分类	蜥臀目蜥脚亚目
生存年代	白垩纪中期左右
分布区域	阿根廷

镰刀龙的名字意为“切割的蜥蜴”。可是，它的爪子看起来似乎并不锋利。

最长的爪子

镰刀龙 | *Therizinosaurus*

约70厘米的长爪是其特征。明明是以肉食性恐龙为主的“兽脚亚目”的一员，却以植物为食。有可能是特暴龙等大型肉食性恐龙的主要猎物。

数据	
全长	约10米
分类	蜥臀目兽脚亚目
生存年代	白垩纪晚期
分布区域	蒙古

最发达的牙齿

埃德蒙顿龙 | *Edmontosaurus*

拥有齿阵[注1]和由6种组织构成的牙齿，专食植物的植食性恐龙“鸭嘴龙类”的代表品种。因是霸王龙的主要猎物之一而为人所知。

数据	
全长	约13米
分类	鸟臀目鸟脚亚目
生存年代	白垩纪晚期
分布区域	加拿大西部、美国西部

的鸵鸟，所以又被称为“鸵鸟恐龙”。似鸟龙最大的特点是速度[注2]快，得益于其灵巧的身体和长长的后肢，它们奔跑的时速可达60千米，虽然比不上现代的猎豹，但在恐龙中已是跑得最快的选手了。

作为植食性恐龙的代表，鸟臀目的进化也很显著。说到鸟臀目，我们总是先想到有发达的角和颈盾的三角龙等角龙科，但是鸟脚亚目中的一群被称为“长着鸭嘴的恐龙”的鸭嘴龙也完成了引人注目的进化。那就是用来咀嚼植物的特殊牙齿。鸭嘴龙的颌骨里储备着1000多颗备用牙齿，一旦有牙齿因咀嚼植物而磨损，马上就会长出新牙替换。更厉害的是，鸭嘴龙的牙齿由硬度不同的6种组织构成，不同部位的磨损速度不同。于是，牙齿自然地形成了凹凸起伏，能够更高效地磨碎植物。

虽然后世的哺乳类也有类似的牙齿特征，但构成哺乳类的牙齿[注3]的组织最多只有4种。相比之下，鸭嘴龙拥有更复杂的牙齿。它们有时也被叫作“白垩纪的牛”，被认为是最适应植食的恐龙。

镰刀龙——拥有长爪的“谜之恐龙”

白垩纪晚期恐龙的神秘面纱正从各个

地 球 进 行 时 ！

现代草食动物的牙齿和植食性恐龙的牙齿有什么不同?

草食动物（草食哺乳类）的牙齿和爬行动物的牙齿不同，没法多次更换，基本上只是乳牙换成恒牙而已。不过，它们的每颗牙齿性能都很好，不仅不易磨损，还分不同种类，因而连较硬的禾本科植物都能磨碎吃掉。

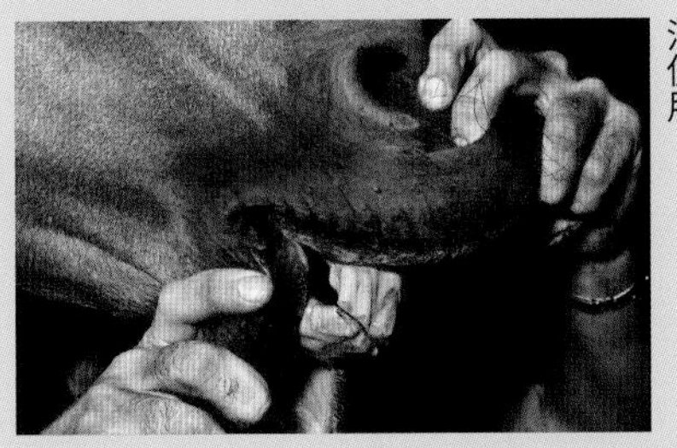

马的牙齿较长，即使磨损掉一些，也不至于短到无法使用

鸭嘴龙类的牙齿

从图中可以发现，形似向日葵种子的牙齿成排堆叠。即使有牙齿磨损，也能够不断长出“新牙”进行替补，这样的构造被称为“齿阵”。

角度被逐步揭开，但有一种恐龙，长期以来几乎成了谜之恐龙的代名词。它们就是名为“镰刀龙”的兽脚亚目恐龙。它们的形态实在奇妙：没有牙齿的小脑袋、相对较长的脖子、胖乎乎[注4]的身体……这样的恐龙的前肢上却长着和身形不相称的长爪。它们的爪子在化石状态下长度超过 70 厘米，是已知恐龙中最长的。然而，这对爪子并不锋利，不适合作为武器使用。有人猜测它们是用来刨土寻找昆虫的，但这也只是猜测，真正的用途仍然是一个谜。

不过，通过近几年的研究，“谜之恐龙”的真相已逐渐明朗。有人认为，镰刀龙胖乎乎的身体是在进化过程中为了适应从肉食向植食转变而形成的。为了高效地消化植物，肠道等消化器官变得肥大了。此外，2013 年，镰刀龙的筑巢地在蒙古被发现，使得我们对它们抚养后代的情形有了一定的了解。这片筑巢地至少有 18 个巢穴，蛋的孵化率较高。据此推测，镰刀龙是成群产卵的，而且成年镰刀龙会在巢穴附近守护它们的蛋。

白垩纪晚期，恐龙极度多样化的主要原因是什么？首先，侏罗纪以后的大陆分裂，导致了地理上的隔离和生存环境的多样化。其次，从存在时间来看，越接近后期，越会出现进化程度高的品种，这是自然法则。恐龙在 6600 万年前，小行星撞击地球后突然灭绝。如果当时它们能够幸存下来，或许会有更大、更快、更不可思议的恐龙在陆地上漫步吧。

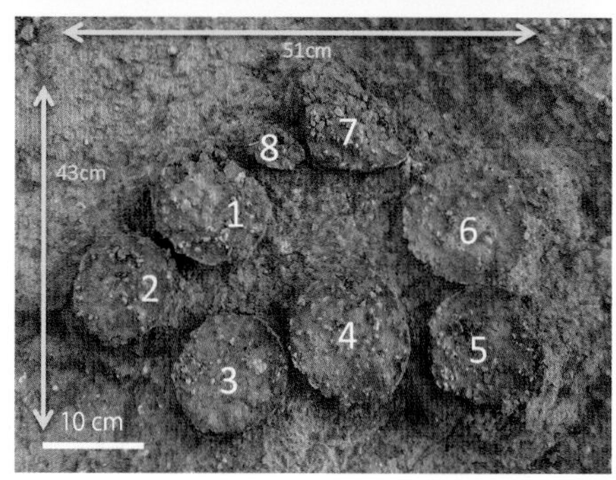

镰刀龙的筑巢地

（上）这是位于蒙古戈壁沙漠的镰刀龙筑巢地。红色圆点标记的是已确认的巢穴，数量至少有 18 个。
（左下）这是筑巢地的想象图。据推测，这片区域的巢穴数量可能多达 56 个。在兽脚亚目恐龙的巢穴中，这片巢穴的规模是世界最大的。
（右下）这是一个镰刀龙的巢穴，约 51×43 厘米的空间里有 8 颗蛋。

科学笔记

【齿阵】 第77页 注1

为了大量食用植物而进化出来的构造。除了鸭嘴龙等鸟脚亚目外，三角龙等角龙科也有这种构造。因磨损的牙齿不断被新牙替换，对于植食而言效率很高。

【速度】 第77页 注2

要了解已灭绝动物的行进速度，可以通过几种方法实现。例如，通过足迹的间隔判断，因为一般来说跑得越快，步幅越大。此外，还有通过复原肌肉量来推测等方法。

【哺乳类的牙齿】 第77页 注3

哺乳类的牙齿（臼齿）特点各异，“只要有牙齿，就能确定它的品种”。这种多样性是为了更好地磨碎植物而进化出来的。和哺乳动物相比，爬行动物的牙齿形状大多比较简单。

【胖乎乎】 第78页 注4

“胖乎乎”一般用来形容人类肥胖的样子。然而，有研究认为，镰刀龙胖乎乎的身体并非来源于脂肪的堆积，而是由消化器官肥大造成的。

近距直击

照顾幼崽的是雄性还是雌性？

在哺乳动物中，雌性照顾幼崽的例子较多，因为雌性需要给幼崽喂奶。而鸟类之中，有 90% 的雄性也会照顾幼崽。那么，恐龙的情况是怎样的呢？研究者发现了一些正在孵蛋的恐龙的化石。有人指出这些可能是雄性恐龙的化石。恐龙的世界里或许也曾有过“奶爸”们活跃的时期。

正在为蛋保暖的雄性帝企鹅。雄性参与育儿的例子在自然界并不少见

来自顾问的话

谜之恐龙——恐手龙！

以“恐怖之手”为名

介绍恐龙之谜的书有很多，仿佛围绕它们的谜团都已经被解开了一样。然而，其实恐龙身上仍有很多未解之谜。每次只要开发了新的化石挖掘地，几乎都会有一种新的恐龙被发现。不过，虽说是新的恐龙，奇特到令人吃惊的却越来越少了。2014年5月，中国学者宣布发现了一种暴龙的同类——虔州龙，轰动一时。不过，稍微冷静下来想想就会发现，这种恐龙只不过是口鼻部长一点，除此以外，基本和暴龙没有什么差别。

话虽如此，偶尔也真的会有奇特的恐龙被发现，恐手龙就是其中之一。目前，有关这种拥有“恐怖的手”的恐龙的正式论文里也只提到肩、手臂的骨骼和数块脊椎骨。1965年，波兰和蒙古的联合考察小组在蒙古南部的戈壁沙漠里发现了恐手龙的化石。这一带曾出产了特暴龙、栉龙等许多著名的蒙古恐龙。

这种恐龙的奇特之处在哪里呢？在于

■特暴龙的头骨

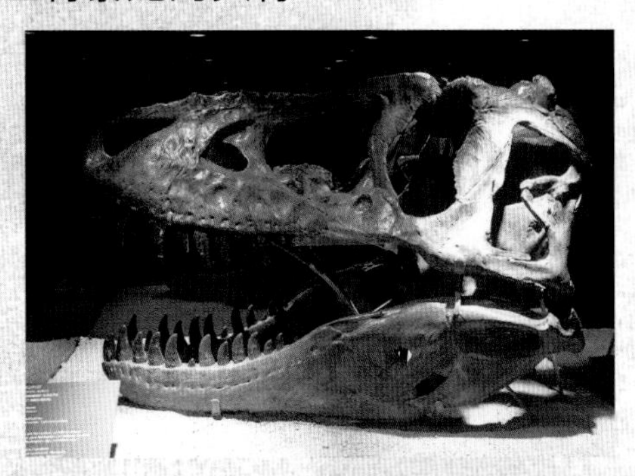

白垩纪末，称霸戈壁沙漠的亚洲最大兽脚亚目恐龙特暴龙，全长约10米。虽然和暴龙有些相似，但特暴龙的头骨更窄，前肢的前臂部分相对更短。

■恐手龙的前肢

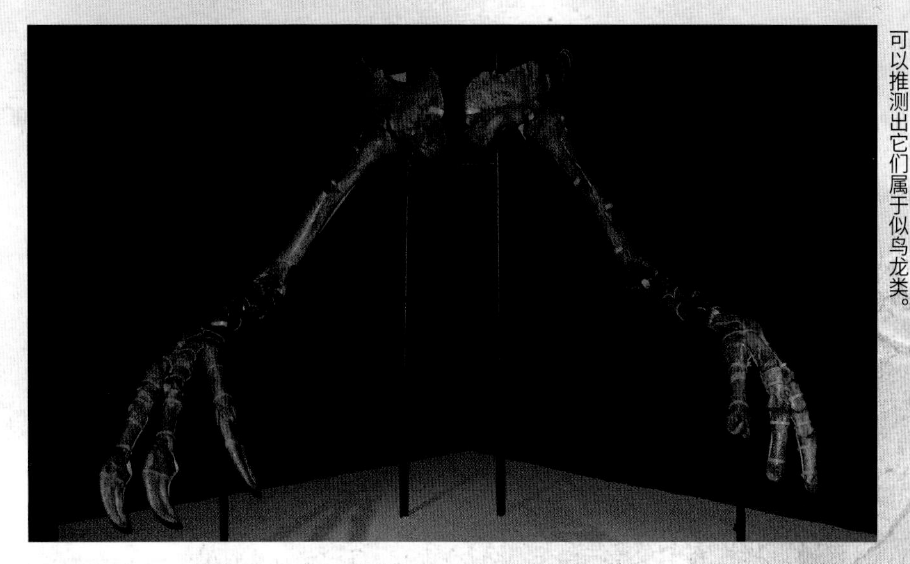

恐手龙的前肢长约120厘米，仅肱骨就长达94厘米，属于兽脚亚目恐龙中体形相当巨大的一种。肩胛骨的肩峰突起部分出现退化，且3根掌骨的长度相差无几，从这两点可以推测出它们属于似鸟龙类。

体形之大。毕竟，它的手臂就长达2.5米。根据手臂的长度可以推测，它的体形一定轻轻松松就能超过暴龙之类。

系统解析的结果如何？

在很长一段时间里，恐手龙都让恐龙研究者们伤透脑筋。拥有这样巨大的手臂的恐龙到底长什么样？我通过系统解析的方法，尝试研究它属于哪种兽脚亚目恐龙。结果，根据肱骨的相似性，可以推断出它属于似鸟龙类。说到似鸟龙类，首先想到的是以速度著称的似鸟龙、似鸡龙等。然而，手臂如此巨大的恐手龙，能跑得快么？这个谜团或许只有等它全身的骨骼都被发现后才能解开。

此外，经过我们的调查，在恐手龙的发掘地又有了新收获。我们找到了波兰研究者未发掘到的骨骼（腹部肋骨）。通过观察发现，这块骨骼上留有特暴龙的齿印。这就毫无疑问地证明恐手龙曾与特暴龙共享生存空间，并且是特暴龙的猎食对象。如果恐手龙和其他似鸟龙类一样是植食性恐龙，那么成为特暴龙的猎物也很正常。如果被问到“哪一种恐龙身上谜团最多”，我们这些恐龙研究者可能都会回答“恐手龙”，可见围绕这种恐龙的谜团之多。大家都在热切盼望能早日揭开它的神秘面纱。

（编者注：作者创作本文时恐手龙的头骨等其他骨骼尚未被发现）

小林快次，1971年生。1995年毕业于美国怀俄明大学地质学专业，并获地球物理学科优秀奖。2004年在美国南卫理公会大学地球科学学科取得博士学位。主要从事恐龙等主龙类的研究。

巨型肉食性恐龙繁荣

地球史上的最大规模！大型肉食性恐龙称霸四方

白垩纪晚期也是大型恐龙在全球上演激烈对战的时期。世界各地的生态系统中，全长 10 米左右的肉食性恐龙崛起，植食性恐龙也趋于大型化。

放眼整个地球史，也只有这个时代能看到如此庞大的动物之间的对战。

体形越来越大的白垩纪晚期的恐龙

白垩纪晚期伊始，一种巨大的肉食性恐龙横行在现位于阿根廷境内的广阔平原上。它们的名字叫南方巨兽龙，是一种体形超过暴龙、全长可达 14 米的兽脚亚目恐龙。然而，它们想要袭击的对象居然是比它们还要大很多的恐龙——全长可达 30 米的阿根廷龙。

对于巨型猎物，南方巨兽龙采取成群围困并反复攻击的策略。因为阿根廷龙的体形过于巨大，没法一击即倒，所以只能等着它失血过多、耗尽体力后倒下。经过长时间的鏖战，阿根廷龙最终耗尽了全力，庞大的身躯伴随着轰响栽倒在大地上。

在自然界中，体形大也是一种“实力”。就像现在也几乎没有肉食动物会去攻击成年大象一样，被猎对象的体形越大，遭捕食者袭击的危险性越低。相应地，捕食者如果要猎获大型动物，自身体形越大越有利。遵循着这样的自然法则，白垩纪晚期世界各地的生态系统中出现了以蜥脚亚目为主的大型植食性恐龙和与之相对应的巨型肉食性恐龙。

南方巨兽龙袭击幼年阿根廷龙的模拟图

有学者认为阿根廷龙能将尾巴当成鞭子用，从而击退进攻者。体重 70 吨的巨兽猛地将尾巴甩过来，这一击恐怕连南方巨兽龙这种巨型兽脚亚目恐龙也抵挡不住。或许，南方巨兽龙把精力都集中在追捕阿根廷龙的幼龙上。

现在我们知道！

地球上的每一块大陆上都曾有巨大的『统治者』称霸

1955年，在蒙古戈壁沙漠考察的苏联科考队从大约7000万年前的白垩纪晚期地层中发现了一种恐龙的化石。它拥有令人震惊的特征：身体巨大、后肢强壮，但前肢却小得和整体不相称且只有两个趾头。

这与之前在北美大陆发现的体形最大的肉食性恐龙之一的暴龙极为相似。这种恐龙被命名为特暴龙，意为“骇人的蜥蜴”，是位居白垩纪末东亚地区生态系统顶端的巨型肉食性恐龙。

肉食性恐龙和植食性恐龙的殊死搏斗在世界各地上演

时间回到1931年，非洲大陆出土了一种肉食性恐龙的化石。它的体形与暴龙相当甚至更大，被命名为鲨齿龙[注1]。1993年，南美洲阿根廷境内的巴塔哥尼亚地区出土了南方巨兽龙的化石。白垩纪晚期地球上的主要大陆几乎都是如此，各有不同的肉食性恐龙称霸。

柯普定律[注2]认为“同一种系的动物在进化过程中体形会变大”。恐龙似乎是符合这一定律的典型案例。也就是说，在恐龙时代接近尾声的白垩纪晚期，巨型肉食性恐龙的集中出现可能是自然法则的作用。植食性恐龙的大型化也是同样的道理。北美洲曾有过全长约20米的蜥脚亚目阿拉摩龙和全长约8米的角龙科三角龙的繁荣，东亚曾存在过全长约13米的蜥脚亚目后凹尾龙，而南美洲则有阿根廷龙存在过。白垩纪晚期，这些恐龙时代屈指可数的巨型恐龙之间的战斗，在世界各地上演。

史上最大的兽脚亚目恐龙令人意外的生活习性是什么呢？

就这样，作为肉食性恐龙代名词的兽脚亚目恐龙在白垩纪晚期进化到了最大的体形。不过，其中体形最大的既不是暴龙也不是南方巨兽龙，而是9300万年前生活在现在的埃及地区附近的棘龙。虽然，棘龙全身的化石尚未被发现，但据估计，体形最大的全长可达18米，毫无疑问是地球史上最大的陆生食肉动物。不过，这种巨型恐龙的生活习性在大型兽脚亚目恐龙中显得相当独特。它的头部细长，牙齿为平滑的圆锥形，并不适合像暴龙那样撕裂或咬碎猎物。这种圆锥形牙齿通

注意看下图里站在恐龙标本旁边的人，现在你知道恐龙有多大了吧？

阿根廷龙和南方巨兽龙的骨骼标本

即使只有部分骨骼化石被发现，通过和已有多数部位被发现的近缘品种比较，也能复原全身骨骼的样貌。图为在美国亚特兰大州费恩班克自然历史博物馆展出的阿根廷龙的骨骼标本。相比之下，跟在它身后的巨型兽脚亚目南方巨兽龙看起来就要小很多。

棘龙的骨骼标本

棘龙在很长一段时间里都被认为是“谜之恐龙”。2009年，在日本举行的恐龙展上展出了世界首件棘龙全身骨骼复原标本（左图）。这是基于文献和对近缘品种的研究得出的结果。

棘龙的牙齿

牙齿的形状是探索已灭绝动物饮食习性的重要线索。研究认为，棘龙会用圆锥形牙齿捕捉鱼类，然后一口吞下。

常可以在以鱼类为食的现代鳄鱼身上看到。事实上，从棘龙的胃部化石里确实发现了鱼类的鳞片。因此，有学者推测它们主要以鱼类为食。

棘龙身上最大的谜团，莫过于从其背部脊椎骨延伸出来的众多棘状突起的作用。据推测，棘龙的每根神经棘之间都覆盖着膜，从而形成了像帆一样的构造。有关这种帆状物的用途，目前众说纷纭，尚无定论。有人说“帆状物可以吸收阳光的热量来调节体温”，也有人说“帆状物发挥着肌肉支点的作用，有助于快速奔跑”，还有人说“帆状物是用来吸引异性的”。其实，包括棘龙在内的很多大型兽脚亚目恐龙，因骨骼数量多，几乎没有包含完整骨架的化石问世。因此，关于它们的生活习性也是谜团重重。

恐龙时代的最终章之所以精彩纷呈，这些巨型肉食性恐龙功不可没。它们留下的痕迹，至今仍然不断激发着人们的好奇心。

近距直击

在战争中被摧毁的最早的棘龙化石

最早的棘龙化石 1912 年发现于埃及，曾由德国慕尼黑的一家博物馆保管及研究。结果，在 1944 年 4 月，也就是第二次世界大战期间，在英国空军的空袭中，该博物馆被炸毁。棘龙的化石[注3]也随之化为灰烬。此后，再也没有人找到过质量更高的棘龙化石标本。

图为德国投降后的慕尼黑街景。屡次遭受空袭的慕尼黑遭到大规模的破坏

科学笔记

【鲨齿龙】 第82页注1

主要生活在摩洛哥，全长可达12米，是最大的肉食兽脚亚目恐龙之一，是异特龙的同类。它的名字意为“长着噬人鲨牙齿的蜥蜴”。其牙齿呈锯齿状，又薄又锋利。

【柯普定律】 第82页注2

19世纪美国古生物学家爱德华·柯普提出的理论，长久以来被认为是研究恐龙进化时不可或缺的定律。然而，根据近年的研究，“柯普定律”逐渐被认为只适用于部分恐龙。最近，学界新增了“柯普定律”时代没有的“生物多样性”概念，认为“如果某个种群内的多样性增加，那么作为其中一环，体形较大的品种也会增加”。

【棘龙的化石】 第83页注3

标本本身虽然已在空袭中化为乌有，但发现者的详细记录、配有草图的论文，以及标本的照片都被保留了下来。正因为有这些详实的资料，我们才得以看到棘龙复原后的样子。

约 7000 万年前

三角龙 vs 暴龙

在暴龙曾经生活过的北美大陆，出土了留有暴龙咬痕的三角龙、埃德蒙顿龙等恐龙的化石。其中，三角龙的伤痕主要集中在头部，说明它那由厚重骨骼构成的颈盾被暴龙撕咬的情况并不少见。

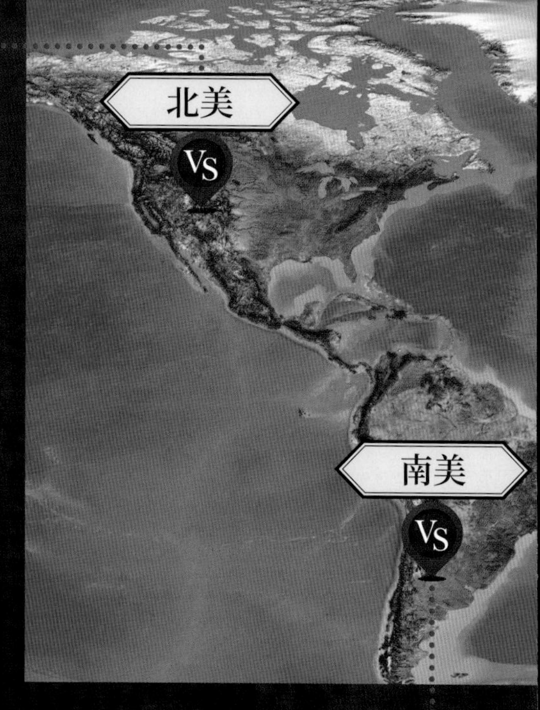

科考队也发现了被暴龙撕咬后有伤口愈合痕迹的三角龙化石，这说明也有三角龙赢得胜利或涉险逃脱的情况。

三角龙 | *Triceratops* |

数据	
全长	8米以上
分类	鸟臀目头饰龙亚目角龙科
生存年代	约7000万年前
分布范围	北美大陆西部

暴龙 | *Tyrannosaurus* |

数据	
全长	约12米
分类	蜥臀目兽脚亚目暴龙科
生存年代	约7000万年前
分布范围	北美大陆西部

地球进行时！

现代的“最大”动物之战？

现代陆地上最大的肉食动物是北极熊，最大的草食动物是非洲象，但在自然环境下有发生“对决”的可能性的组合恐怕只有狮子和非洲象了。然而，据说全长至多 3.3 米的狮子并不会主动攻击全长可达 7.5 米的非洲象。因为遭到反击的风险太高。不过，事无绝对。事实上，有人目击过一群狮子合作攻击体形相对较小的大象直至将其击垮的场面。

由于全员都来分享战果，即使是一整头大象，每只狮子分到的肉量也并不多

约 9500 万年前

阿根廷龙 vs 南方巨兽龙

对于南方巨兽龙而言，最大的障碍莫过于长达30米以上的阿根廷龙的庞大体形。蜥脚亚目恐龙巨大化的主要原因极有可能是为了防御捕食者，很难想象巨大化到了极限的成年阿根廷龙会被捕杀。因此，有观点认为，南方巨兽龙瞄准的是幼年阿根廷龙。

一种蜥脚亚目恐龙，在巅峰期每年可增加约5吨体重，但它们的蛋却很小，直径只有15～30厘米。刚孵化出来不久的阿根廷龙幼龙是弱小无力的。因为南方巨兽龙的牙齿较薄，要咬碎骨头较为吃力，所以可能需要数次啃咬后才能放倒猎物。

南方巨兽龙 | *Giganotosaurus* |

数据	
全长	约14米
分类	蜥臀目兽脚亚目鲨齿龙科
生存年代	约9500万年前
分布范围	阿根廷

阿根廷龙 | *Argentinosaurus* |

数据	
全长	30米以上
分类	蜥臀目蜥脚亚目泰坦龙科
生存年代	约9500万年前
分布范围	阿根廷

原理揭秘

在世界范围内上演的巨型恐龙之战

白垩纪晚期，全球生态系统中都在上演以大型肉食性恐龙和大型植食性恐龙为主的生存竞争。在恐龙灭绝后才开始繁盛的陆生哺乳动物中，体形最大的巨犀头身全长也只有8米左右。全长几乎都在10米以上的恐龙之间的战斗，的的确确是生命史上“最大”的战役。那么，当时的战况如何呢？

约9500万年前 棘龙

生活在有红树林生长的水边。据推测，棘龙以鱼为食，而能够成为其“对手”的巨大植食性恐龙可能并不存在。不过，曾有扎着棘龙类牙齿的翼龙化石被发现，也有棘龙类化石和植食性恐龙化石同时被发现的情况。看来，除了鱼以外，它们也会吃别的东西。

数据	
全长	约14米
分类	蜥臀目兽脚亚目棘龙科
生存年代	约9500万年前
分布范围	非洲大陆北部

有学者认为，蜥脚亚目恐龙会将巨大的尾巴像鞭子一样甩动以击倒对手。或许，当年还能见到后凹尾龙躲开特暴龙的攻击，并用尾巴将其击倒的场面。

后凹尾龙 | *Opisthocoelicaudia* |

数据	
全长	13米以上
分類	蜥臀目蜥脚亚目泰坦龙科
生存年代	约7200万年前
分布范围	蒙古

约7200万年前 后凹尾龙 vs 特暴龙

特暴龙是亚洲体形最大的肉食性恐龙之一。虽然没有它与同时期的蜥脚亚目植食性恐龙后凹尾龙直接对决的证据，但当时的植食性恐龙应该几乎都是捕食对象。据推测，特暴龙的咬合力很强，一口就能咬碎骨头。

特暴龙 | *Tarbosaurus* |

数据	
全长	约10米
分类	蜥臀目兽脚亚目暴龙科
生存年代	约7200万年前
分布范围	蒙古及中国北部

植食性恐龙的进化

植食性恐龙的武装化升级

装备矛、盾和铠甲

经过1亿多年的进化，植食性恐龙发展出了各种各样的防御形式。有的长出尖角，有的长出『铠甲』，有的则将脑袋变得像石头一样硬……形形色色的恐龙登场了。

三角龙

在拉腊米迪亚的森林里漫步的三角龙的想象图。恐龙分为两大类，一类为暴龙等所属的蜥臀目，另一类为三角龙等所属的鸟臀目。三角龙被认为是鸟臀目中进化程度最高的恐龙。

长有角、颈盾、铠甲、硬头，种类繁多的植食性恐龙家族

白垩纪时期的“拉腊米迪亚大陆”，位于现今的北美大陆的西部。那里有大片郁郁葱葱的森林，三角龙悠闲地漫步其间。它的学名意为“有3根角的脸”。它们是大家较为熟悉的恐龙之一，也是进化程度较高的恐龙之一。

三角龙最大的特点是从额头往外突出的长达1米的角，以及保护脖颈的厚重骨质颈盾。有学者认为，这些与植食性恐龙不相称的粗笨“武装”，在与称霸拉腊米迪亚的暴龙对峙时，就是强有力的矛和盾。

进化出类似“装备”的恐龙不止三角龙一种。在白垩纪晚期，世界各地的巨型肉食性恐龙进入了繁盛时期。像是为了与之呼应似的，植食性恐龙身上也发生了显著的进化。全身上下都披着铠甲的甲龙，拥有厚厚的头骨、可能会以头相撞的肿头龙等武装化登峰造极的植食性恐龙陆续登场。它们到底进化出了怎样的“秘密武器”？让我们来一探究竟吧！

现在我们知道！

鸟臀目多种多样的进化形态

各种各样的角龙科恐龙

角龙科起源于侏罗纪时期的隐龙，在大约 8000 万年前的白垩纪晚期迅速多样化。

厚鼻龙 | *Pachyrhinosaurus* |

生存年代：白垩纪晚期
分布范围：加拿大阿尔伯塔省等地

全长 6 米左右。与其他角龙科恐龙不同，它的鼻子上方没有长角，而是有一块表面凹凸不平的隆起物。

戟龙 | *Styracosaurus* |

生存年代：白垩纪晚期
分布范围：美国蒙大拿州等地

全长 6 米左右。鼻子上方又粗又长的角和颈盾外围 3 对（6 根）长角是它的特征。

隐龙 | *Yinlong* |

生存年代：侏罗纪中晚期
分布范围：中国新疆维吾尔自治区

侏罗纪为数不多的、也是最古老的角龙科恐龙。虽长有角龙特有的喙状嘴，但是没有角和颈盾。

恐龙分为两大类：蜥臀目和鸟臀目。“蜥臀目”包括以暴龙为代表的兽脚亚目和以阿根廷龙为代表的蜥脚亚目。“鸟臀目”包括三角龙等多种植食性恐龙。除去鸭嘴龙等所属的“鸟脚亚目”，鸟臀目恐龙可分为“头饰龙亚目”和“装甲亚目”两大群体。“武装恐龙”就是指这两大群体。

“颈盾”多样而发达的角龙科恐龙

头饰龙亚目恐龙的特征是头部周围长有尖角或由厚质骨骼构成的颈盾，成为进攻时的“矛”。这个群体又可以细分为以三角龙为代表的“角龙科”和以“石头”著称的肿头龙所属的“肿头龙科”。

与之相对的，装甲亚目恐龙则把功夫花在了强化“盾”上。装甲亚目恐龙又细分为背上排列着骨板的以剑龙为代表的“剑龙科”注1，以及从头至尾都覆盖着厚重“铠甲”的甲龙所属的“甲龙科”注2。

在所有“武装恐龙”中，角龙科的武装化最为明显。三角龙的 3 根角像美洲野牛一样有骨质的芯子，非常坚固。几乎占了半个头部的颈盾也是骨质的，保护着颈部这一要害部位。这些武装本应在对付肉食性恐龙时派上用场，但化石上的伤痕告诉我们，它们有时也用于种群内的斗争。

既有颈盾上长着 6 根长角的，也有角不发达但瘤块发达的，角龙科的武装形式富于变化。然而，它们的祖先却长得十分朴素。这种名为“隐龙”的恐龙曾生活在

鸟臀目的多样化

恐龙可分为“鸟臀目”和“蜥臀目”两大类。三角龙、肿头龙等所属的“鸟臀目”构成了植食性恐龙的一大群体，可进一步分为 5 类。

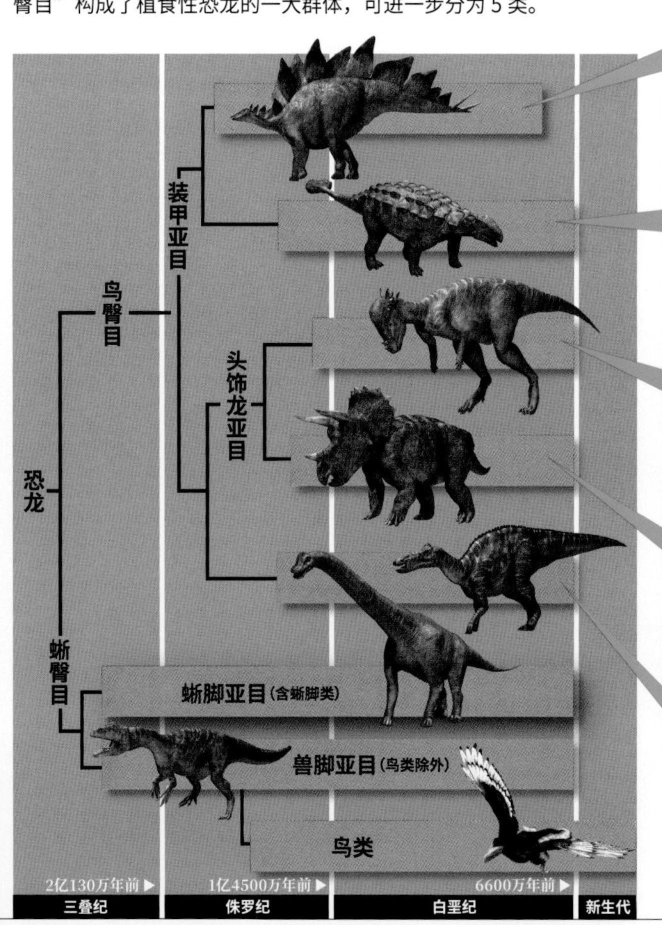

剑龙科
背部有发达骨板的植食性恐龙。四足行走型。在侏罗纪晚期特别繁盛。

甲龙科
从头到尾覆盖着骨质“铠甲”的植食性恐龙。四足行走型。重心低也是其特征之一。

肿头龙科
以圆顶状隆起的头部及周围环绕着的突起物为特征的植食性恐龙。两足行走型。

角龙科
拥有像鹦鹉一样的喙状嘴，头上长有发达的角和颈盾的植食性恐龙。四足行走型。

鸟脚亚目
以没有特别值得一提的特征为特征的植食性恐龙。既有两足行走型，也有四足行走型。

甲龙之锤

甲龙科的武装除了背部的“铠甲”外，还有与之齐名的长在尾巴末端的骨锤。有学者认为这锤子是用来打倒袭击者的，也有学者认为其强度并没有达到可用于攻击的程度。

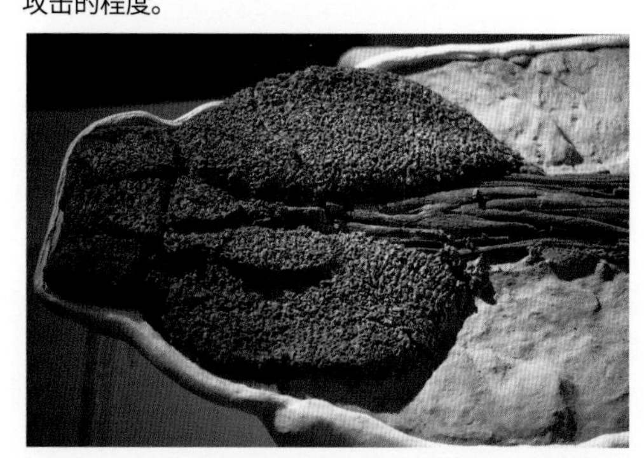

三角龙的骨骼成长过程

三角龙是已发现骨骼标本较多的恐龙之一，因此，对它的研究也更为深入。目前已能够推测出三角龙一生的成长历程。它的角和颈盾的生长变化过程实在令人惊叹。

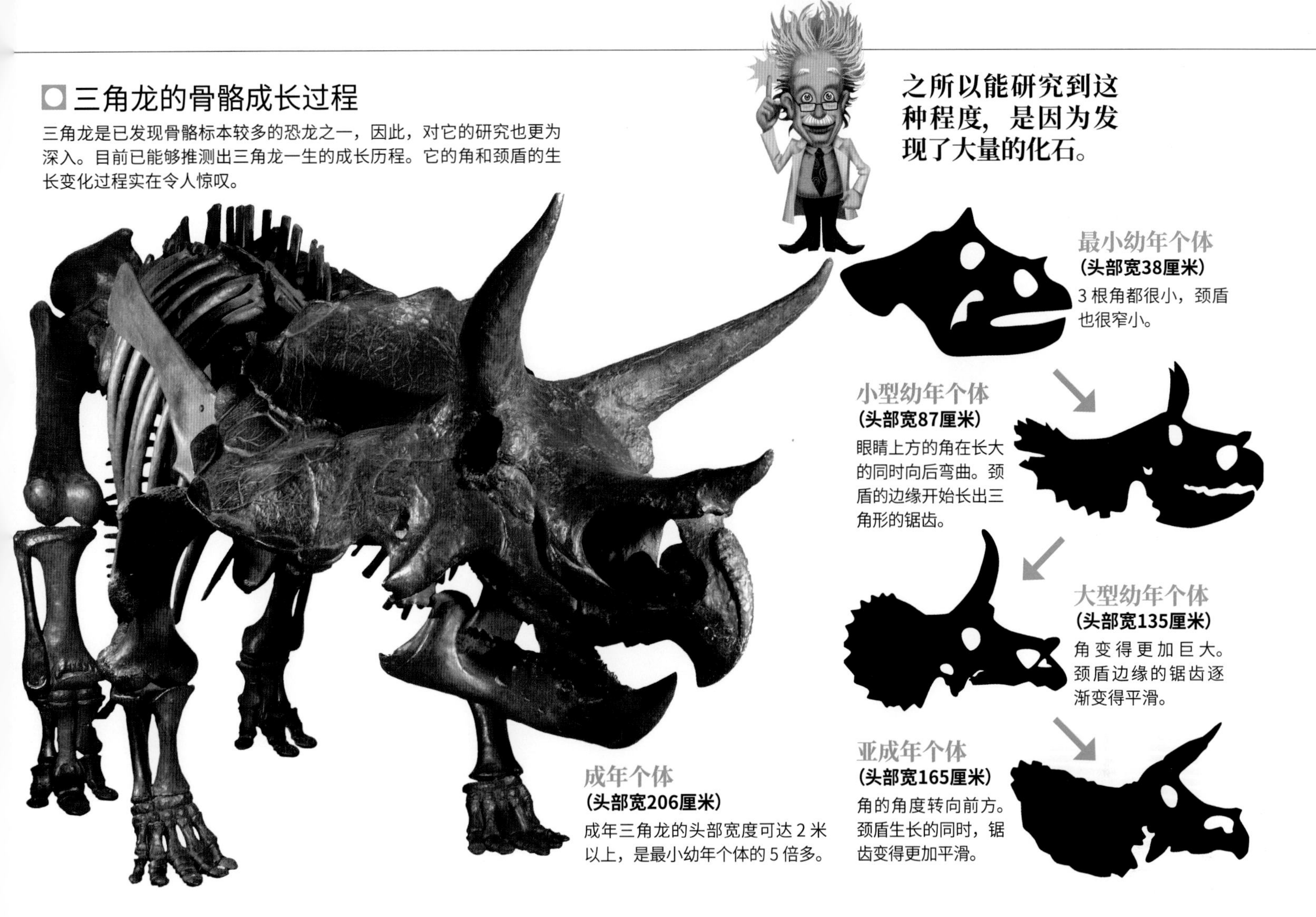

侏罗纪时期的亚洲，是最早的角龙科恐龙。它既没有角也没有颈盾，全长也只有 1.2 米，体形较小。研究认为，角龙科的武装是它们的祖先隐龙扩散至世界各地之后，在进化过程中发展出来的。

甲龙科和肿头龙科拥有恐龙界屈指可数的防御力?

如果角龙科恐龙被比作勇猛的战士，那么以甲龙为代表的拥有“铠甲”的甲龙科恐龙或许可以被称为重型坦克。甲龙全长约 7 米，体重约 6 吨，虽比三角龙还小一圈，但它们的身高却值得一提。只有约 1.7 米的身高非常低矮，所以它们的重心像坦克一样稳定。此外，它们的头部至尾部覆盖着的“铠甲”是由骨质纤维组织经过复杂缠绕形成的，质量轻且富有弹性，非常结实。有些防弹背心织入高科技纤维后可以达到阻挡子弹的强度就是这个原理。它的结实程度，连肿头龙都无法匹敌。两足行走、全长约 4.5 米的肿头龙，头顶的骨头像圆顶一样隆起。约 50 厘米高的头部，几乎被骨质圆顶的厚度占去一半。有学者认为，这样坚固的脑袋是用来“撞击”的。

“武装恐龙”那似乎要与强大的肉食性恐龙抗衡的英姿，使人们为之狂热。它们的存在也向我们揭示了恐龙这种古生物身上的丰富可能性。

新闻聚焦

三角龙“群居的证据”被发现了?

直到不久前，三角龙的化石都是单独被发现的。因此，人们普遍认为“三角龙不过群居生活”。然而，2009 年，在美国蒙大拿州，大量三角龙化石在同一地点被发现，这打破了一直以来的观点。三角龙是群居动物的可能性变大了。而且，因为被发现的都是幼年三角龙的化石，所以，人们开始认为至少“幼年三角龙是过群居生活的”。

图为在蒙大拿州发现的三角龙的骨层，可以看到，化石集中在一起且密度较高

科学笔记

【剑龙科】 第88页 注1
以侏罗纪时期的剑龙为代表的一类鸟臀目恐龙。背上排列着骨板的四足植食性恐龙，出现并繁盛于侏罗纪时期。它们的头部较小，牙齿是简单的圆柱状，作为植食性恐龙的能力比不上角龙科。

【甲龙科】 第88页 注2
尾部末端长有尾锤的甲龙科和尾部末端没有长尾锤的结节龙科同属于甲龙亚目。甲龙科主要生活在内陆地区，而结节龙科生活在沿海地区。

肿头龙的“硬头”

肿头龙的头骨像头盔一样隆起，骨板厚度最高可达25厘米。因为这种奇特的样貌，它们的复原图描绘的常常是头与头相碰的“撞头”场景。然而，真实情况是否如此，目前仍存在争论。有观点认为，如果肿头龙真的用头部相撞的话，它们过于坚硬的头部将无法躲避冲击，从而导致脑损伤。

数据			
全长	约4.5米	生存年代	7210万年前—6600万年前
分类	鸟臀目头饰龙亚目肿头龙科	分布范围	北美大陆西部

甲龙尾部的构造

加拿大研究者于 2009 年发表的研究结果显示，尾锤的威力取决于瘤块的大小。最大级别的尾锤猛烈撞击所产生的压力可达 364 ～ 718 兆帕，足以击碎骨骼。甲龙的尾部在水平方向上移动较为自由，但在垂直方向上似乎基本动弹不得。

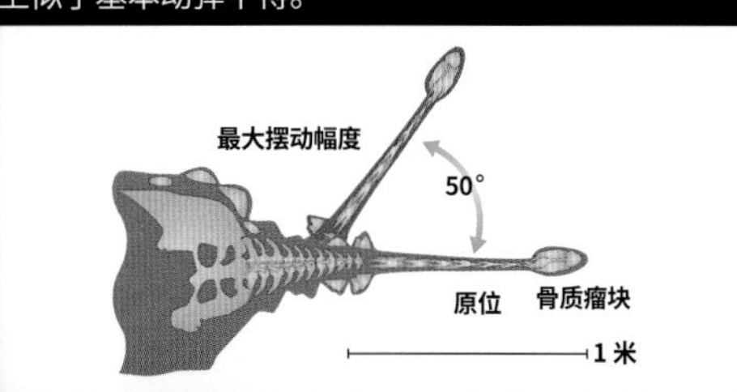

甲龙的“锤子”

在甲龙亚目中，甲龙科是尾巴末端长有巨大骨质瘤块（俗称尾锤）的那一群。电脑解析结果显示，甲龙的尾巴能够在左右50度角的范围内摆动，像锤子一样将外敌打倒。然而，也有人对此持反对意见，他们认为尾锤如果作为武器使用应该会留下伤痕，但目前并没有在化石上发现这样的伤痕。

数据			
全长	约7米	生存年代	7210万年前—6600万年前
分类	鸟臀目装甲亚目甲龙科	分布范围	以北美大陆西部为主

新的学说 甲龙的“铠甲”取材于自己的骨骼？

甲龙的“铠甲”由复杂的纤维构造组成，具有类似防弹背心的柔软性和防御性。这种“铠甲”似乎是将自身骨骼溶化后作为材料制成的。2013 年 7 月，以大阪市立自然历史博物馆为中心的研究小组对比了甲龙的成体和幼体的骨组织。他们发现，拥有“铠甲”的成年甲龙的骨组织中有骨骼溶解的痕迹，而尚未长出“铠甲”的幼年甲龙身上则没有。或许是因为骨骼中的钙质被用作构成“铠甲”的材料，伴随着“铠甲”的形成，甲龙身体的成长速度会变慢。

原理揭秘

植食性恐龙的『武装』大揭秘！

角龙科、肿头龙科、甲龙科是构成鸟臀目的5类恐龙的一部分。它们在白垩纪晚期完成了多种形式的武装进化。在此，我们将以各个群体的代表性恐龙为例，针对角龙科的“角”、肿头龙科的“硬头”、甲龙科的“锤子”逐一介绍最新的研究成果。

肿头龙科头骨CT扫描

肿头龙科中有一种叫作剑角龙的恐龙。剑角龙的头骨CT扫描结果显示，其头骨骨密度较高，虽然只有头骨表层比较坚硬（红色部分），但足以吸收头部撞击带来的冲击。此外，2012年出土了头顶有外伤的肿头龙头骨化石，有学者认为这正是头部撞击留下的痕迹。

三角龙的“角”

在描绘三角龙的复原图里，常常会出现其与暴龙对峙并以角威吓对方的画面。然而，实际上，在已发现的暴龙化石中，并没有找到被三角龙的角攻击过的痕迹。有关角的用途，目前的有力证据主要指向同伴间的争斗。角可能曾被用于雄性三角龙之间的实力较量或对雌性的争夺。

数据	
全长	8米以上
分类	鸟臀目头饰龙亚目角龙科三角龙属
生存年代	约7000万年前
分布范围	北美大陆西部

颈盾化石上的争斗痕迹

图为三角龙的颈盾化石，上面有多处伤痕被认为是别的三角龙留下的。研究人员运用2004年发表的三角龙头部模型，再现了两头三角龙用角互顶的场面。实验结果显示，角的周边出现了与化石上相似的伤痕。

10cm

10cm

恐龙化石的圣地

Sanctuary of dinosaur fossils

连接中生代和现代的窗口

自1824年斑龙被记载以来，人类邂逅了众多恐龙化石，数量多达1000种以上。包括南极大陆在内的所有大陆都出产过恐龙化石。本章主要介绍那些被称为“圣地”的著名化石产地。

产地分布

世界主要化石产地分散在各个大陆上，它们中的大多数位于沙漠或干燥地带。事实上，目前发现的恐龙化石中，有半数以上都来自沙漠及其周边地区。这其中的一大原因是这些地区植物稀少，有利于寻找化石。话虽如此，森林、山丘等地其实也有不少发现恐龙化石的案例。

【恶地】

Badlands

除了化石外，恶地极具特色的地质奇观也很出彩。这是大约1万年前，末次冰期结束时的雪水侵蚀而成的地貌

位于落基山脉东侧的世界最大恐龙化石产地之一。大约7500万年前，这里是雨量较多的季风气候，沿海地带分布着绵延数百千米的湿地和郁郁葱葱的森林。除了出产暴龙等著名恐龙的化石外，还出产过恐龙木乃伊等，珍贵的发现接连不断。

数据			
所在地	加拿大西南部、美国西北部	地层年代	白垩纪晚期
代表性恐龙	暴龙、三角龙、似鸟龙等		

【戈壁沙漠】

Gobi Desert

图为调查现场。因为这一带从当时到现在都是沙漠环境，所以化石保存状态相当好，能找到很多有关恐龙生存状况的直接证据

戈壁沙漠是中亚最大的沙漠。在白垩纪晚期，这里虽然也是沙漠，却有一些绿洲分布其中，曾在此生活的恐龙种类多样，一派繁荣景象。位于沙漠中部的纳摩盖吐盆地出产了正在搏斗的原角龙和伶盗龙，以及正在孵卵的带羽毛恐龙——窃蛋龙等的化石，且都保留了当时的姿势。

数据			
所在地	中国北部、蒙古南部	地层年代	白垩纪早期后半段—白垩纪晚期
代表性恐龙	特暴龙、镰刀龙、伶盗龙等		

【撒哈拉沙漠】

Sahara Desert

白垩纪晚期，撒哈拉沙漠的海拔比现在高300米左右，环境湿润，生长着茂密的红树林。这里虽然出产多种化石，但是受超过50摄氏度的高温、沙暴、治安等问题影响，调查工作难以持续进行，近几年才终于确定这里是棘龙的产地。

图为鲨齿龙的头骨

数据	
所在地	埃及、尼日尔、摩洛哥等
地层年代	白垩纪晚期伊始
代表性恐龙	棘龙、鲨齿龙、潮汐龙等

新闻聚焦

新发现不断?日本的恐龙化石发掘情况

直到20多年前，都一直存在这样的说法：“日本是没有恐龙化石的。即使有，也十分有限。”然而，通过近些年的调查和研究，北陆地区、近畿地区等陆续出产了大量的恐龙化石。2013年，在北海道也发现了化石。这些地方正进行着有组织的化石调查，研究成果令人期待。

北海道勇拂郡鹉川町，2013年开始进行对鸭嘴龙化石的发掘，或有望找到全身骨骼

【准噶尔盆地】

Dzungaria

这里出土了全长30多米的马门溪龙等恐龙的化石，启示着人们：从侏罗纪开始，恐龙形态就呈现多样化了。人们在这里不仅发现了最古老的暴龙“冠龙”，还发现了最古老的角龙“隐龙”等著名恐龙的最早祖先。在探究恐龙进化方面，这片土地占据着重要地位。

图为亚洲最大的蜥脚亚目恐龙马门溪龙的全身骨骼

数据	
所在地	中国新疆维吾尔自治区
地层年代	侏罗纪中期末—侏罗纪晚期初
代表性恐龙	冠龙、马门溪龙、中华盗龙、隐龙等

【伊沙瓜拉斯托-塔拉姆佩雅自然公园】

Ischigualasto Natural Parks

世界范围内为数不多的三叠纪晚期（约2亿2700万年前）化石产地之一，1961年以后开始陆续出产当时刚进入人们视野不久的恐龙化石。在三叠纪晚期，这里的气候类似现在的热带草原气候，曾生活着镶嵌踝类、合弓纲类等种类繁多的陆生动物。该自然公园已被列入《世界遗产名录》。

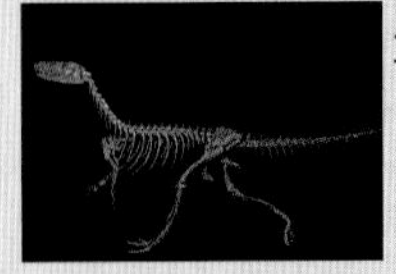

图为埃雷拉龙的骨骼标本。它们被认为是最古老的恐龙之一

数据	
所在地	阿根廷西北部
地层年代	三叠纪晚期
代表性恐龙	始盗龙、曙奔龙、埃雷拉龙等

近距直击

引发学界关注的恐龙化石产地“新星”

美国阿拉斯加州的迪纳利国家公园正受到学界瞩目，今后的研究也备受期待。阿拉斯加也出现在2013年上映的电影《与恐龙同行》中。影片中描绘了白垩纪时期阿拉斯加的景象。人们在这里发现了许多幼年鸭嘴龙、暴龙、角龙等恐龙的足迹化石。从地理位置上看，阿拉斯加是连接亚洲和美洲的重要桥梁。而从气候上说，是研究极地恐龙生态的绝佳环境，备受瞩目。

图为迪纳利国家公园。其面积超过日本的四国地区。公园内生活着驼鹿、驯鹿等约40种哺乳动物，以及山鹰等约170种鸟类，形成了丰富的生态体系

【摩里逊岩层】

Morrison Formation

这里是19世纪后半叶，古生物学家爱德华·柯普和奥塞内尔·马什的恐龙化石发掘竞赛——“化石战争”的舞台。当时，竞赛白热化到了发生枪战的程度。从结果上来看，以大型恐龙为主的多个恐龙物种被发现，恐龙研究得到飞跃发展。如今，人们对侏罗纪时代的印象，主要来自对这个地层的研究。

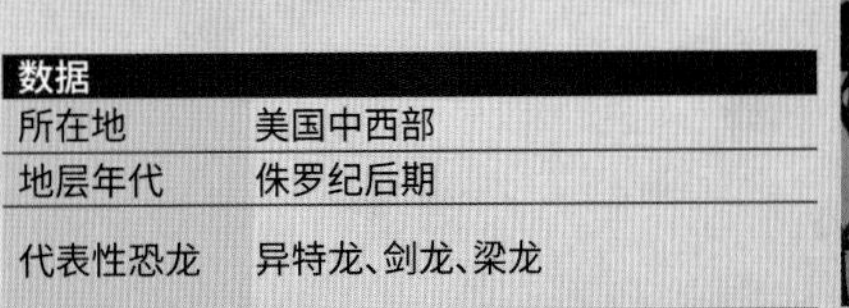

数据	
所在地	美国中西部
地层年代	侏罗纪后期
代表性恐龙	异特龙、剑龙、梁龙

图为兽脚亚目恐龙——异特龙的全身骨骼。它们被称为侏罗纪最强的恐龙

引人注目的巨型“蘑菇群”

格雷梅国家公园和卡帕多西亚岩窟群

位于土耳其共和国内夫谢希尔市，1985 年被列入《世界遗产名录》。

在位于土耳其中部的格雷梅国家公园里，形似蘑菇或尖塔的奇石随处可见。这片土地被人们称为卡帕多西亚。这里的奇妙景观形成于大约 300 万年前。当时，火山大喷发后留下了许多凝灰岩和玄武岩高地。它们经过风雨侵蚀，逐渐形成了如今的景观。这片被称为“妖精的烟囱”的奇石群，清晰地展现了大自然令人惊叹的鬼斧神工。

“妖精的烟囱”是这样形成的

1.火山爆发

位于卡帕多西亚周边的埃尔吉耶斯山、哈桑山在大约 300 万年前是活火山，频频出现激烈的火山爆发活动。

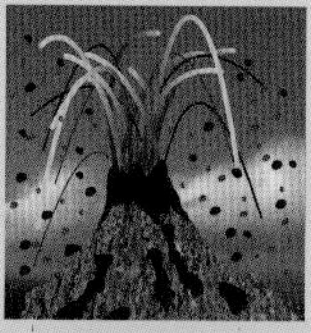

2.地层形成

火山爆发带来的火山灰和熔岩大量堆积，从而形成了凝灰岩和玄武岩地层。

3.侵蚀作用

长期以来，地层被风雨和河流逐渐侵蚀。侵蚀程度因地层硬度的不同而有所区别。

4.奇石诞生

松软的凝灰岩日益受到侵蚀，而坚硬的玄武岩留在了上端，于是，形似蘑菇或尖塔的奇石诞生了。

铭刻着悠长岁月的卡帕多西亚奇石群

卡帕多西亚，奇石林立，部分高度可达 40 米。这里作为展现地球活动的稀有景观而入选了世界自然遗产。不过，除了奇石群以外，这一带还保存着基督教徒建造的洞窟修道院、洞窟教堂、地下城市等大量遗迹，因此作为文化和自然双重遗产被列入《世界遗产名录》。

地球之谜

黄金比

为什么人们会觉得这个比例很美呢？

从古埃及的金字塔到如今的信用卡，符合人们视觉审美习惯的形状都有着相似的长宽比例或角度比例。这个同时存在于自然界中的比例，是宇宙的法则吗？

胡夫法老的大金字塔在埃及吉萨的沙漠里耸立了4500多年。据说，那至今仍让人着迷的外观中隐藏着几何学的秘密。另外，建于公元前5世纪的希腊帕特农神庙中也藏着同样的秘密。

“黄金比”这个说法在出版物中的第一次登场，可以追溯到19世纪的一本数学书，但最初对其进行定义的是被称为“几何之父”的数学家、天文学家欧几里得。

公元前300年左右，活跃于亚历山大城的欧几里得总结了从古埃及的测量技术中获得的有关图形的知识，写出了《几何原本》这一集大成之作。在《几何原本》中，他说：

“将已知线段按中外比分割……”

这里的“中外比”就是后来的“黄金比”。线段较长的部分和较短部分的比例可用算式“1：（1+$\sqrt{5}$）/2”表示，也就是1比1.61803398……这一小数点后无限继续的数字。此外，长宽为黄金比的长方形（即黄金矩形）的内部可以分割成一个小黄金矩形和一个正方形。而且，这种分割可以像套匣一样无限次进行。

宝塔花菜是花椰菜的一种。其圆锥状的花蕾按螺线排列，数一数会发现这样的螺线共有13条。不只是本图，所有的宝塔花菜的螺线数量都是8条或13条，正好符合斐波那契数列，因而为人所知

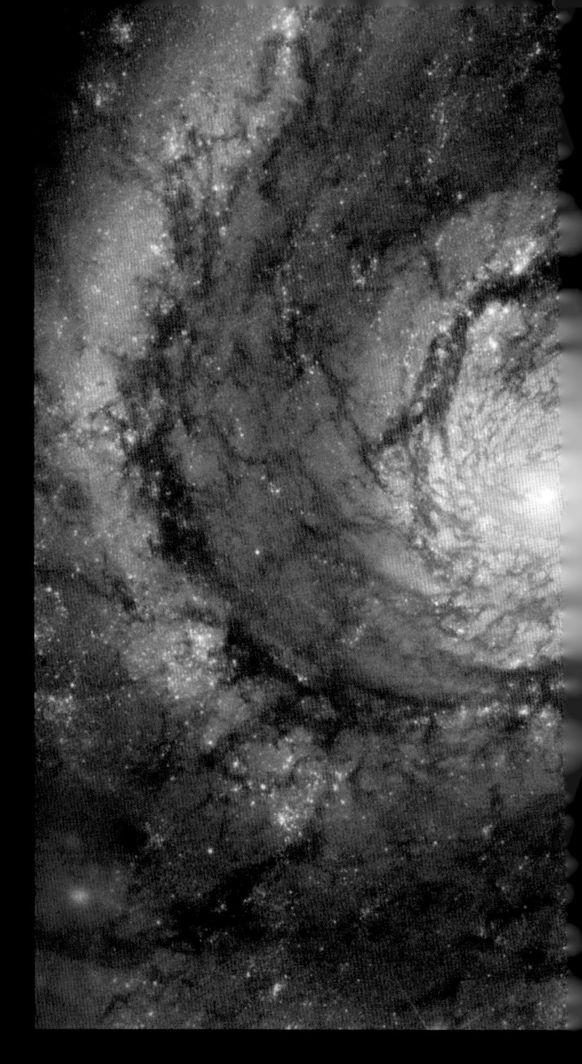

斐波那契的兔子

时光流逝，到了13世纪前半叶，活跃于意大利比萨的数学家斐波那契也提出了有趣的问题。

“假设一对兔子在出生2个月后开始每个月生一对小兔子。如果所有兔子都不死，那么1年后会有几对兔子？”

答案是兔子的对数将按照1、1、2、3、5、8、13、21、34、55……逐月增长（图B），一年后会有233对兔子。

其实，这个数列里藏着非常有趣的规律，比如，像2+3=5这样，相邻两项之和等于后一项。此外，相邻的两个数字中，用后一个数字除以前一个数字会怎么样？

得到的数字竟然是黄金比的近似值。这个近似值有时略小于黄金比，有时略大于黄金比，如此反复，但数列越往后，近似值越接近黄金比。

“斐波那契的兔子”问题的答案所形成的数列被称为“斐波那契数列”。有趣

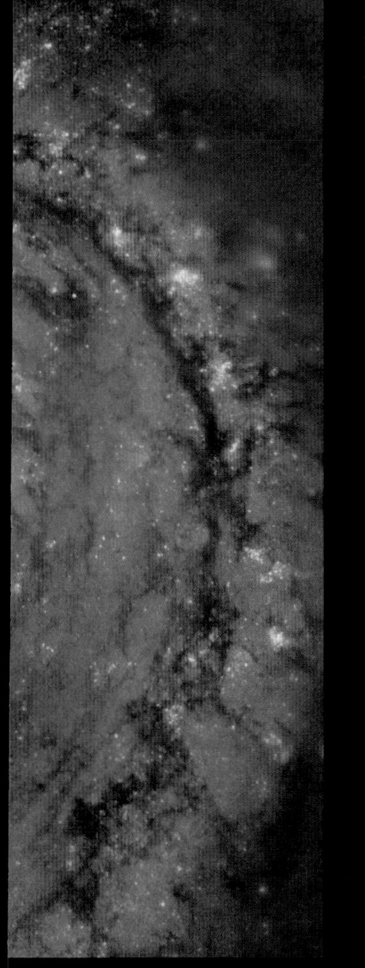

图为距离地球2100万光年的螺旋星系——猎犬座M51星云，可以看到接近黄金比的螺线

令人联想到斐波那契黄金螺线的现代鹦鹉螺外壳

【图A】黄金分割

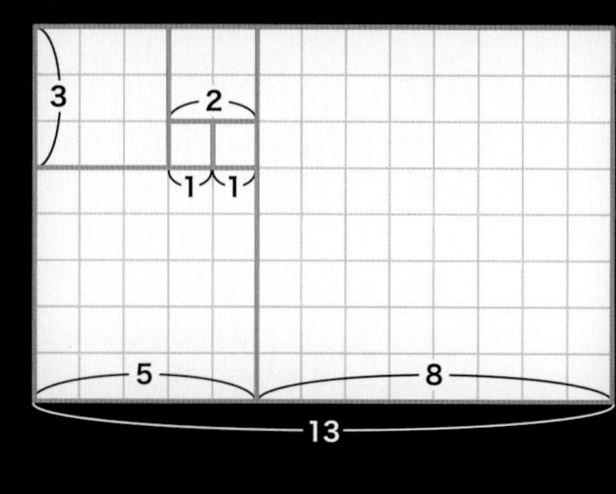

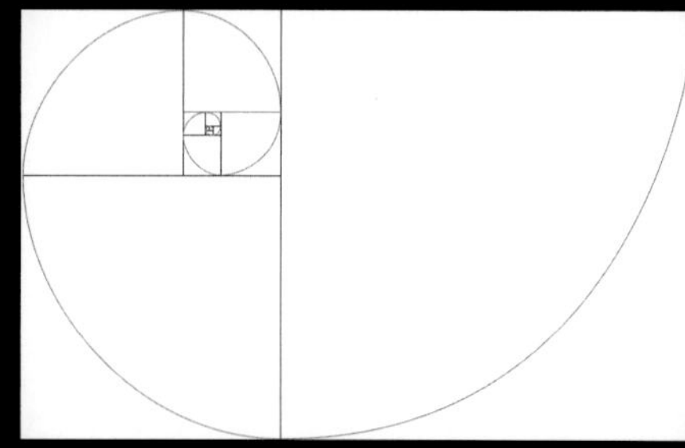

图为按黄金比分割所得的长方形和正方形。将正方形的一边作为半径的弧线串连起来会出现类似鹦鹉螺外壳的螺线

的是，这个数列中包含的数字在自然界中也很多见。

比如，花的花瓣数量常常是3瓣、5瓣、8瓣，将苹果横向切开可以看到5颗种子，而大部分柠檬是不是有8瓣？

龟壳中央有5枚甲片，鬣狗通常有34颗牙，向日葵的种子按21、34、55、89颗的规律呈螺线状排列。

这些数字都是偶然的吗？

技术效法自然

假如以黄金矩形中分割出的各个正方形的边为半径，依次转动圆规，就可以画出斐波那契的黄金螺线（图A）。其形状优美，很像鹦鹉螺的外壳。

遵循黄金比例的知名建筑——帕特农神庙。其正面整体高度和宽度的比例约为5:8

此外，不少植物的叶子在茎干上也是按螺旋状排列的。相邻两片叶子之间的夹角往往是对圆周的黄金切分，也就是黄金角，角度接近137.507度。得益于这样的排列方式，每片叶子都能获得阳光和雨水，形成一种有利于生存的形态。拥有黄金角的植物数不胜数，例如前面提到过的向日葵的种子，此外还有松果的鳞片、玫瑰和菊花的花瓣等等，不胜枚举。或许，这是在长期的进化过程中，更具优势的形态或体系被留存下来的结果。

即便如此，人类为什么会对黄金比格外着迷呢？

胡夫金字塔的底边长约230米，刚建成时的高度约为147米。计算一下不难发现，其比例约为1 ∶ 1.564。尽管是这样的一个庞然大物，和黄金比的误差却只有大约3%。以帕特农神庙正面的纵横比和

【图B】斐波那契的兔子

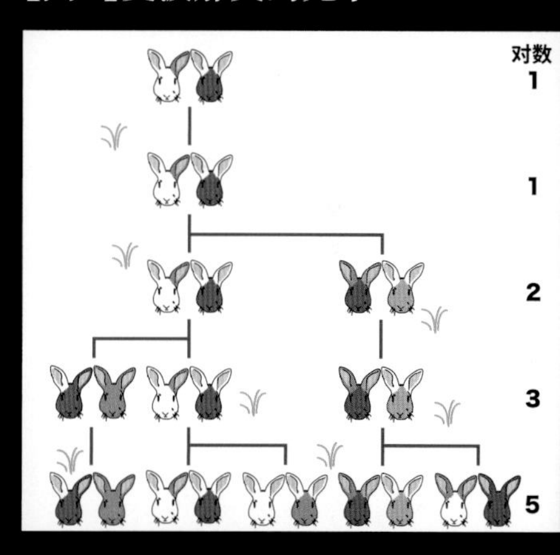

莱昂纳多·达·芬奇的《圣母领报》为代表，在各类艺术作品中都能找到黄金比的存在。此外，巴黎的凯旋门，现代的信用卡，甚至苹果公司的苹果Logo也都遵循了黄金比的法则。

“技术效法自然。”

这是古希腊哲学家亚里士多德的名言。黄金比和圆周率一样，是永远除不尽的无理数，这其中是否蕴藏着某种真理呢？

Q 已命名的恐龙被除名？

A 如果被当作新物种记载的恐龙实际上是已经被命名过的，那么后来记载的恐龙的名字就会被取消，统一使用较早记载的名字。不单是恐龙，所有生物都适用这一原则。在恐龙世界里有一个著名的案例：雷龙在 1879 年被立为新属，但后来有学者发现它们与 1877 年就已被命名的迷惑龙为同一种恐龙的不同生长阶段。于是在 1903 年，雷龙被合并到迷惑龙属中。现在，有关人气较高的角龙科恐龙三角龙和牛角龙是否为同一物种的争论尤为引人关注。这一争论被广泛报道，引发了三角龙是否会被除名的猜测。不过，牛角龙是在 1891 年被命名的，而三角龙早于它两年（即 1889 年）就已被记载，所以即使要统一，也是统一为三角龙。目前，这两种恐龙是否为同一物种的争论还在继续。假设它们真的是同一物种，那么牛角龙会被当作三角龙成长后的形态处理。

牛角龙 | *Torosaurus* |

分布于白垩纪末北美大陆西部的角龙科恐龙，体长 7～9 米，体形比三角龙更大。颈盾上常常装饰着眼珠状的花纹。有说法认为这些花纹起到威吓的作用，但并没有科学依据。

Q 为什么有名的恐龙都集中在白垩纪晚期的美国？

A 暴龙、三角龙、甲龙等人气很高的恐龙，很多都生活在白垩纪晚期的北美大陆西部。这是为什么呢？恐龙的研究原本起源于欧洲，结果却在美国兴盛起来。相比欧洲，美国不仅白垩纪晚期地层的分布更广，而且除了古生物学家爱德华·德克林·柯普和奥塞内尔·查利斯·马什之间爆发的化石发掘竞赛（俗称“化石战争”）外，还有巴纳姆·布朗这样的化石猎手的活跃。换言之，美国成了恐龙研究的激战区。从结果上看，美国的恐龙化石大多发现得比较早，并为世人所知。这也就是为什么知名恐龙种类的化石大多发现于美国的原因。

Q 名字里含“龙”的恐龙都是日本特有的恐龙吗？

A “茂师龙”“福井龙”“丹波龙”等，在日本被发现的恐龙常被称为“〇龙”。然而，“〇龙”的称呼只是“日本名”，并不是在国际上通用的名称。这些恐龙有可能已经用别的名字记载下来，所以要确定是否是日本特有的新品种，需要发表正式的记载性论文并接受验证。前文提到的 3 种恐龙中，比较有名的是获得“*Fukuisaurus tetoriensis*”这一学名的“福井龙”。丹波龙则在 2014 年 8 月 12 日被命名为“*Tambatitanis amicitiae*”。还没有学名的茂师龙是日本最早发现的恐龙化石，于 1978 年在岩手县岩泉町茂师海岸被发现。

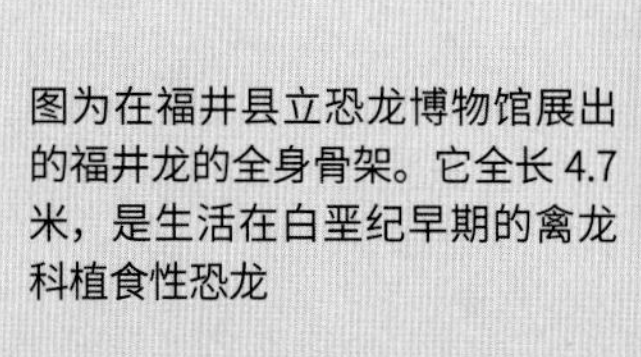

图为在福井县立恐龙博物馆展出的福井龙的全身骨架。它全长 4.7 米，是生活在白垩纪早期的禽龙科植食性恐龙

Q 为什么在不同的图鉴中，恐龙的全长有所不同？

A 比如，有的图鉴介绍暴龙全长为 12 米，而也有其他图鉴说它全长为 14 米。其实，越是大型的脊椎动物，全身化石被发现的概率越低。于是，学者们只能通过已发现的部分骨骼来推测其全身的样貌并进行复原。结果，由于复原图多少有些不同，也就导致恐龙的全长存在差异。

棘龙，作为最大的兽脚亚目恐龙之一，其全长也存在 14 米、17 米等不同说法。下图为全长 14 米和全长 17 米的棘龙个体的对比图，体形大小差异明显

小行星撞击地球与恐龙灭绝

6600 万年前

[中生代]

中生代是指 2 亿 5217 万年前—6600 万年前的时代, 是地球史上气候尤为温暖的时期, 也是恐龙在世界范围内逐渐繁荣的时期。

第 101 页　图片 / 123RF
第 102 页　图片 / 保罗 · 尼克伦 / 国家地理创意 / 阿玛纳图片社
第 105 页　插画 / 月本佳代美 描摹 / 斋藤志乃
第 109 页　插画 / 唐 · 戴维斯
第 110 页　图片 / 后藤和久
　　　　　图片 / PPS
第 111 页　图片 / PPS
　　　　　插画 / 真壁晓夫
　　　　　图片 / PPS
第 113 页　插画 / 月本佳代美
第 114 页　图片 / PPS
　　　　　图片 / 后藤和久
　　　　　图片 / 联合图片社
第 115 页　图片 / 后藤和久
　　　　　图表 / 三好南里
　　　　　图片 / PPS
第 116 页　图片 / PPS
　　　　　图片 / 阿玛纳图片社
　　　　　图片 / 后藤和久
　　　　　图片 / PPS
第 117 页　地图 / C-Map
　　　　　图表 / 三好南里
第 118 页　插画 / 加藤爱一
第 119 页　图片 / PPS
第 121 页　图片 / PPS、PPS
第 122 页　图片 / PPS、PPS
　　　　　图片 / 由大阪大学激光能量学研究中心提供
第 123 页　图表 / 三好南里
　　　　　图片 / 联合图片社
第 124 页　插画 / 木下真一郎
　　　　　插画 / 服部雅人
第 125 页　图片 / PPS
第 126 页　图片 / PPS　图表 / 真壁晓夫
　　　　　图片 / 日本地质调查局，日本产业技术综合研究所 / R57875
　　　　　图片 / 照片图书馆
　　　　　图片 / 日本地质调查局，日本产业技术综合研究所 / R17360
　　　　　图片 / 照片图书馆
　　　　　图片 / 日本地质调查局，日本产业技术综合研究所 / R57873
　　　　　图片 / 照片图书馆
　　　　　图表 / 三好南里
第 127 页　图片 / 川上绅一
　　　　　图片 / 日本地质调查局，日本产业技术综合研究所 / R17289
　　　　　图片 / PPS
　　　　　图片 / 日本地质调查局，日本产业技术综合研究所 / R08779
　　　　　图片 / 皆野町观光协会
　　　　　图片 / 川上绅一、川上绅一
　　　　　图片 / 日本地质调查局，日本产业技术综合研究所 / R57579
第 128 页　图片 / 123RF
　　　　　图片 / PPS
　　　　　图片 / 123RF
　　　　　图片 / PPS
第 129 页　图片 / PPS
第 130 页　图片 / PPS
第 131 页　图片 / 阿玛纳图片社
　　　　　图片 / 联合图片社
　　　　　图片 / PPS
第 132 页　图片 / PPS、PPS
　　　　　图片 / 阿玛纳图片社

—顾问寄语—

东北大学灾害科学国际研究所副教授　后藤和久

白垩纪的地球上，恐龙正经历着空前的繁荣。然而，在遥远的宇宙空间里，走向灭亡的倒计时已经开始。
因为一颗直径 10 千米的小行星，正静静地、稳稳地向地球直奔而来。
白垩纪末的生物大灭绝，在小行星撞击地球的那一刻拉开了帷幕。
在撞击瞬间幸存的生物，也因光合作用停止、气温骤降、酸雨等地球环境持续数年的激变而走投无路，最终灭亡。
恐龙灭绝了，而我们的祖先哺乳动物却在之后迎来了繁荣。它们的命运为何如此不同？让我们一起探索吧。

小行星的痕迹

墨西哥尤卡坦半岛上分布着许多被称为“溶井”的水中洞窟。过去，玛雅人曾将这些为他们提供淡水的溶井奉为“圣泉”，甚至在水中进行活人献祭。据说，这些溶井同时也揭示了解开恐龙灭绝之谜的关键——小行星撞击坑的存在。6600万年前，一颗小行星落到了尤卡坦半岛北部的海洋里。从此，地球上的环境发生了剧烈变化，持续了1亿6000多万年的恐龙时代最终落下了帷幕。溶井就散布在小行星撞击地球时所形成的撞击坑的外围。这些“圣泉”也是改变恐龙命运、导致地球史上第5次生物大灭绝发生的“灾难”所留下的痕迹。

恐龙灭绝的第一幕

6600 万年前的白垩纪末，恐龙正处于繁荣的巅峰。然而，一颗形似太阳的巨大火球从天而降，落在了地球上。从此，恐龙的世界天翻地覆。足以掀翻号称恐龙之“王”的暴龙和蜥脚类恐龙庞大身躯的冲击波、数分钟即可致死的热浪、超过 11 级的超强地震、高达 300 米的海啸、硫酸雨……灾难接踵而至。这颗小行星的撞击，拉开了巨大灾难的序幕，包括昔日称霸陆地的恐龙在内，地球上 70% 的生物就此走向了灭绝。

霸王龙
副栉龙
三角龙

小行星撞击

白垩纪末，『小行星撞击』之灾降临地球

以暴龙为首的、繁荣之极的恐龙的时代突然宣告终结。小行星撞击地球，引发生物大灭绝惨案。

6600 万年前来自宇宙的飞来横祸

那时，恐龙是否仰望过天空？

气候温暖湿润，风神翼龙在空中翱翔；大地绿意盎然，暴龙、三角龙等正阔步行进。它们大概以为这丰富多彩的世界会一直持续下去。

然而，悲剧却突然到来。小行星已经突破了地球的大气层。

那是一颗直径约 10 千米的小行星。它以大约与地表呈 30 度的低角度，自东南偏南方向，向着现在的墨西哥尤卡坦半岛北部俯冲而下，速度达到每秒 20 千米。撞击瞬间释放的能量相当于广岛核爆的 10 亿倍。

从撞击地点升起的喷射流温度高达 1 万摄氏度，时速超过 1000 千米的冲击波横扫周边地区。那些被弹射到太空中的撞击溅射物再次落入大气层，以致大气和地表过热，地球变成了灼热的地狱。

在整个显生宙历史中，共发生过五次生物大灭绝事件，被称为“Big Five”。最后这一次的大灭绝，是来自宇宙的飞来横祸。

多么惊人的撞击啊！光想想就害怕！

小行星撞击地球瞬间的模拟图

小行星化身火球，砸向尤卡坦半岛北部的浅海区域。据推测，这次撞击引发了超过 11 级的地震，撞击点一带被最大高度达 300 米的海啸淹没，地表温度骤升，最高时达到 260 摄氏度。

现在我们知道！

关于白垩纪末生物大灭绝的原因，我们是如何得知的呢？

在白垩纪末，即白垩纪—古近纪（以下称 K-Pg 界线[注1]）时期，为什么会发生生物大灭绝事件？在很长一段时间里，这都是一个未解之谜。甚至连“包括繁荣一时的恐龙在内的大量生物会在地质学意义上的一瞬间[注2]灭绝”这样的想法都没有出现过。

在这样的背景下，物理学家路易斯·阿尔瓦雷茨和其子地质学家沃尔特·阿尔瓦雷茨在 1980 年发表的论文中，共同提出了“白垩纪—古近纪界线发生的生物大灭绝是由小行星撞击地球引起的”这一假说。

他们之所以这样说，是因为在调查意大利和丹麦的 K-Pg 界线时，发现该地的黏土层中富含铱[注3]元素。铱在陨石中的含量较高，而在地球的地壳中含量极低。因此，这些铱元素很可能是撞击地球的小行星带来的。莫非是小行星撞击地球引发了生物大灭绝？他们提出了这样的假说。

很多研究者就此展开了调查，结果发现世界各地 K-Pg 界线层的铱元素含量都很高。此外，研究人员还发现了只有天体撞击后才会生成的冲击石英等颗粒的存在。

墨西哥的 K-Pg 界线层

在位于撞击地点附近的墨西哥拉吉拉地区，可以看到 K-Pg 界线层的露头。2007 年，日本和墨西哥的研究人员对该地的 K-Pg 界线层进行了调查研究。右图为界线层的局部放大图。

作为证据的撞击坑在哪里？

那么，小行星撞击后留下的痕迹，也就是撞击坑，在哪里呢？

冲击石英的存在，意味着撞击发生在大陆地壳上。然而，在美国得克萨斯州的 K-Pg 界线层中却发现了巨大海啸留下的沉积物。这表明撞击发生在海里。综上，撞击坑或许存在于曾经是浅海的某个区域。

在撞击地点生成的冲击石英被抛至空中后回落，颗粒越大，落下的地点离撞击地点越近，而质量较轻的颗粒会被吹到远一点的地方。经调查，北美大陆的 K-Pg 界线层中的冲击石英颗粒比太平洋、欧洲等地的更大。

莫非，撞击坑在北美大陆附近？在之后的调查中，研究人员只在墨西哥湾周边的 K-Pg 界线层中发现了和得克萨斯州相同的海啸沉积物。就这样，撞击坑所在地的推测范围逐渐缩小。后来，人们又发现尤卡坦半岛的地下存在重力异常[注4]现象。或许就是因为撞击坑掩藏在这里，才导致了重力异常。

终于，在 1991 年，希克苏鲁

杰出人物

小行星撞击说的提出者

物理学家
路易斯·阿尔瓦雷茨
（1911—1988）

关于 K-Pg 界线大灭绝的主要原因，阿尔瓦雷茨在 1980 年基于铱元素含量较高这一证据，提出了小行星撞击说，为其专业领域以外的地质学和古生物学界带来了划时代的崭新想法。

第二次世界大战期间，他参与了旨在开发原子弹的“曼哈顿计划”。因其对实验粒子物理学的重要贡献，特别是“基于液氢气泡室技术和数据分析发现粒子的共振态”等成就，获 1968 年诺贝尔物理学奖。

希克苏鲁伯陨石坑

被古近纪以来的沉积物掩埋在墨西哥湾和尤卡坦半岛北部的地下，直径约 180 千米。

是已知的世界第三大陨石坑。

希克苏鲁伯陨石坑的重力异常

图为根据重力探测所得数据建立的三维模型。由多重环形构造组成的希克苏鲁伯陨石坑的样貌清晰可见。

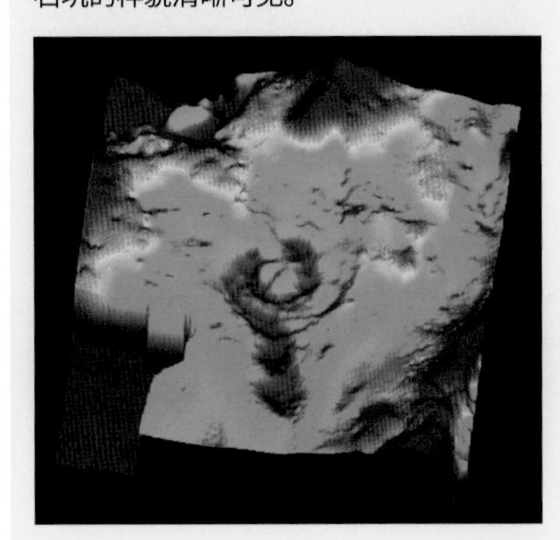

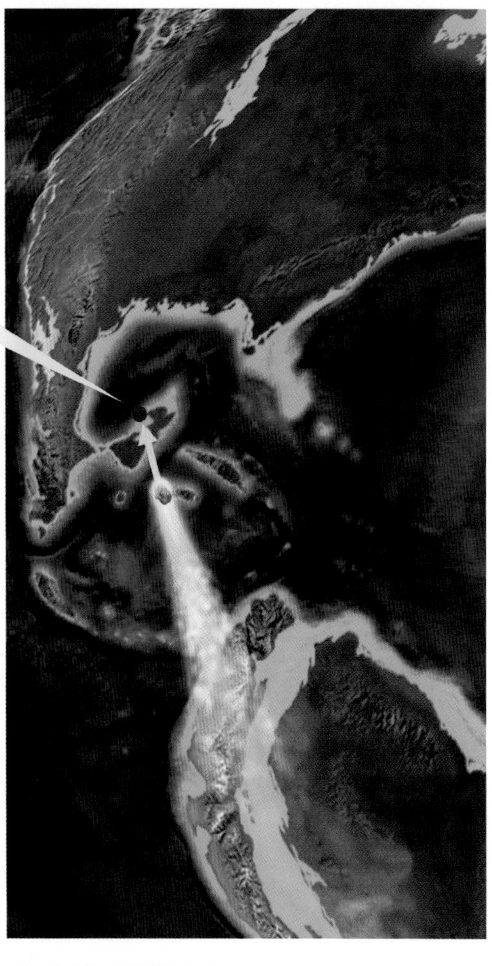

巨大陨石的撞击点

6600 万年前陨石撞击的地点位于现在的尤卡坦半岛以北的海中。在撞击点周围的墨西哥湾沿岸发现了由巨大海啸带来的冲积物。

伯陨石坑被发现。

墨西哥尤卡坦半岛北部的地下约 1000 米处，埋藏着直径约 180 千米的巨大弧形构造。研究人员从采集的样本中检测出大量撞击发生时形成的物质。

小行星撞击导致生物大量灭绝

在后续的分析中，研究人员发现，在加勒比海地区的海地的 K-Pg 界线层中采集到的微球粒所含微量元素的成分和形成年代，与希克苏鲁伯陨石坑内的撞击熔融物的成分和年代极为相似。

小行星撞击地球时爆发的能量，竟然强到能将撞击喷射物从尤卡坦半岛抛到近 2000 千米外的海地。此外，全世界范围内的 K-Pg 界线层所含的冲击石英的大小和含量，也以希克苏鲁伯陨石坑为中心呈递减趋势，这说明那些物质确实都来自同一个陨石坑。

然而，对于以恐龙为首的生物来说，最致命的是陨石撞击地点的地质构成。这片被称为尤卡坦台地的地区，是厚度达 3 千米的富含碳酸盐和硫酸盐的岩石带。研究认为，这些岩石在撞击下溶化，从而产生了大量二氧化碳和硫磺，进入到大气中。

二氧化碳是温室气体。硫磺在大气中转变为硫酸盐气溶胶，不仅会遮挡阳光，还会形成有害的酸雨。对于需要进行光合作用的生物来说，这无疑是毁灭性的打击。

从下一篇开始，我们将具体了解是什么样的机制导致了全球 70% 的物种走向灭绝。

科学笔记

【K-Pg 界线】 第 110 页 注 1
“K”是白垩纪（Kreidezeit）的德语名称的首字母。“Pg”是古近纪（Paleogene）的英文名称的缩写。此外，以前一般认为该时代指的是 6500 万年前或 6550 万年前，但随着地质年代测定技术的进步，精确到了 6600 万年前。

【地质学意义上的一瞬间】 第 110 页 注 2
指数千年到数万年内。在地质学上，这种程度的误差很常见。

【铱】 第 110 页 注 3
属于铂系元素，在地球的地壳中很难找到，是典型的稀有金属之一。

【重力异常】 第 110 页 注 4
在地球物理学中，重力异常是指被测对象所处的纬度的理论重力值（标准重力值）与实际测定值存在偏差。根据重力异常，可以推测出被测地的地下构造。

近距直击

小行星从哪里来？

在火星和木星之间的小行星带中，有一群被称为“巴普提斯蒂娜族”的小行星。据说，希克苏鲁伯陨石撞击的元凶就来自这个家族。有观点认为，巴普提斯蒂娜族是在两个巨型小行星撞击后形成的，而当时正好是恐龙的全盛期。不过，有人根据最新的观测结果提出了不同意见，目前还没有确切的结论。

据推测，小行星带中有数百万颗小行星

撞击引起的环境变化

地球环境剧变 引发生物大灭绝

6600 万年前的小行星撞击事件成为恐龙大灭绝的导火线。撞击的瞬间，地球上到底发生了什么？这又给后来的地球环境造成了怎样的深远影响？

紧随撞击而来的是天翻地覆的变化

2013 年 2 月 15 日，俄罗斯乌拉尔地区南部的车里雅宾斯克州发生了陨石爆炸事件。应该还有很多人记得当时像核爆炸一样的瞬间：强光闪现的同时，附近建筑物的玻璃窗被冲击波震得粉碎。造成这次爆炸的是一颗直径约为 17 米的陨石。

而在白垩纪末，撞击地球的是一颗直径约为上述陨石的 600 倍的小行星。那么，当时的地球上又发生了什么呢？

首先，这一次撞击，在地球表面留下了一个直径达 180 千米的巨大撞击坑。其次，撞击释放的能量引发了冲击波、巨大海啸、超强地震、最高达 260 摄氏度的地表高温化等一系列现象，直接导致撞击发生后不久，以恐龙为代表的大量生物走向了灭亡。

因为陨石是从东南偏南方向飞过来的，所以位于撞击地点以北、如今的北美大陆上的动植物都遭受到了毁灭性的打击。

不久，地球迎来了被称为“撞击冬天”的严寒。从由撞击引发的一系列大灾大难中侥幸存活下来的生物，紧接着又要面临被长期的恶劣环境夺去生存机会的命运。

小行星撞击后的模拟图

小行星撞击地球后，巨大的柱状喷射流立即喷向空中，随后纷纷落回地面，在撞击地点附近引发森林火灾。地球变成了灼热的地狱。

现在我们知道！

恐龙慌乱逃窜，然后倒地不起

6600万年前的那一天，现今的墨西哥尤卡坦半岛一带或许正晴空万里。当发光的物体出现在东南偏南方向的天空中时，恐龙恐怕还没有意识到即将降临在自己身上的命运。

仅仅数分钟后，当它们察觉到异常，抬头仰望天空的时候，悲剧早已开场。因与大气层发生摩擦而燃烧起来的陨石，一边向四面八方抛撒着火球一边向地球表面逼近，眼看变得越来越大。眨眼间，这颗刺眼的发光球体猛地撞在如今的墨西哥湾的浅海区域，仿佛太阳从天上掉了下来。

直径约10千米的天体，以每秒20千米的速度直击地球时所爆发的破坏力是相当可怕的。撞击发生的瞬间，在因海水消失而裸露的海底，直径达180千米的撞击坑[注1]诞生了。撞击释放出来的能量转化为时速1000千米的爆炸冲击波向陆地袭去，撞击中心升起了温度高达1万摄氏度的柱状喷射流[注2]，将陆地变成了一片火海。

砸得粉碎的陨石碎片和地表扬起的沙土、岩石在高温下升华，或者变成被称作“ejecta”（意为“撞击溅射物”）的粉尘和碎石，扬到空中，其中的一些甚至进入了太空。不久后，它们再次落入大气层，散落到地球的各个角落。在落回大气层的过程中，它们与空气摩擦后产生的热量使大气和地表都处于高温状态，并且持续数小时，地球成了灼热的地狱。当时的最高温度达到260摄氏度。虽然还没到让植物自燃的程度，但对于陆地上的动物来说，在这样的高温下，它们连2分钟都撑不到。

据推测，撞击时发生了超过11级的大地震，释放的能量相当于东日本大地震的1000倍。

撞击坑形成时，飞散的沙土和碎石在四周堆积，高达数千米，形成了像山脉一样的环状边缘。然而，这一边缘在地震的剧烈摇晃下，几分钟后就崩塌了，以致于海水从决口处流入撞击坑内部。这时，撞击坑周围产生了强有力的回卷流。于是，充满撞击坑的海水又越过边缘向外部涌去。研究认为，当时的海啸高度达到了300米。此次撞击事件引发的海啸以10小时为周期反复发生，导致许多距离较远的地区也成了受灾区。

小行星撞击引起的海啸模拟图

撞击坑内海水的流入和流出，引发了巨大的海啸。即使恐龙中体形最大、重量级别是最高的蜥脚类恐龙，在高达300米的海啸面前也显得渺小无力。

希克苏鲁伯陨石坑内部的岩石样本

图为2002年在对陨石坑内部进行钻探时采集的岩石样本。可以看到，撞击时熔化的地球岩石和陨石上的岩石混在一起，呈大理石状。

近距直击

地震烈度的大小

地震烈度是表示地震规模的标度，其数值增加1级，表示地震释放的能量增加约32倍，增加2级则相当于增加约1000倍。一般认为，地球上有可能发生的最大地震烈度为10级。白垩纪末，小行星撞击地球所引发的11级地震，达到了地球上几乎不可能发生的烈度。

1960年，智利发生了9.5级大地震，这是人类观测史上规模最大的地震

阳光被遮蔽 地球变得又暗又冷

当时的生物面临的威胁，可

海啸沉积层

在墨西哥的地层中发现了海啸沉积物。生活在海洋不同深度的浮游生物的化石混杂在一起。

不仅仅是陨石撞击。虽然因撞击而飞溅的砾岩等很快就落了下来，但大小不足1微米的微小颗粒仍然悬浮在空气中，形成微球粒层[注3]，遮蔽了天空。

此外，烟尘[注4]也大大减少了到达地表的阳光。烟尘的存在，意味着在当时的地球上可能发生过以下情形。首先，撞击溅射物回落到大气层时，可能因摩擦生热而引发了全球规模的森林火灾。其次，被撞击的地层中所含的有机物可能在高温作用下产生烟尘并扩散到世界各地。欧洲、北美等大部分地区的白垩纪末地层中都发现了大量碳元素的堆积。

这种阳光被遮蔽的现象称为“撞击冬天”。地球从明亮温暖的世界彻底变成了阴暗寒冷的世界。至于暗到什么程度、冷到什么地步，目前还没有明确的答案。有人说像暗夜一样漆黑的日子持续了数月，也有人说像白夜一样昏暗的日子持续了数年。关于寒冷化的说法也多种多样，有人说“气温下降几度的情况持续了数年”，也有人说“气温在10年左右的时间里最多降低了10摄氏度”，还有人说“撞击后气温急剧下降，导致植物被冻死”，等等。

无论是哪一种情况，对一直以来都生

从地层中还可以了解到海啸的情况啊！

海啸发生的原理

在小行星撞击后形成的撞击坑中，生成了如下图所示的海啸。巨大的海啸反复袭击沿岸地区。

小行星撞击发生前

撞击发生前，撞击地点周围的海底地层按年代顺序堆叠。

海水流入撞击坑

海水流入撞击所形成的撞击坑中。周边海域形成强大的回卷流。

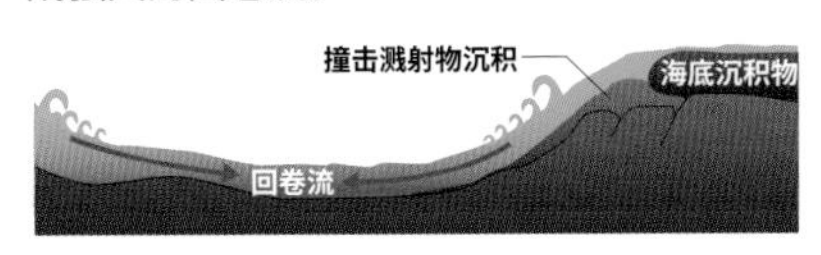

海啸发生

海水从撞击坑向外溢出，形成海啸。这样的过程不断地重复。

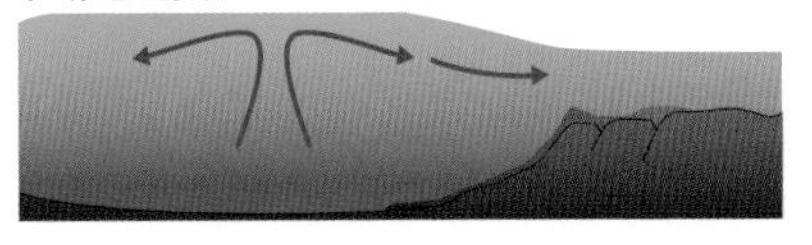

科学笔记

【撞击坑】 第114页 注1

一般是指因天体撞击、火山活动等形成的环状洼地(前一种情况下又称陨石坑)。尤卡坦半岛的希克苏鲁伯陨石坑，拥有直径40千米的中央峰、直径80千米的峰环和直径180千米的外环，属于“多环构造”。

【柱状喷射流】 第114页 注2

因陨石撞击释放出的巨大能量而形成的柱状上升气流。气流在高温作用下，变成喷射流，瞬间升起，形成蘑菇云。白垩纪末，撞击发生后形成的柱状上升气流的温度高到了可以将地表变成火海的程度。

【微球粒层】 第115页 注3

微球粒是陨石撞击地表时升华的岩石冷却后形成的球形颗粒。因为只有在天体撞击后才会出现，所以有微球粒大量沉积的地层一般被视为陨石撞击地球的证据。

观点碰撞

恐龙并没有完全灭绝?

从K-Pg界线层以上的地层中发现了恐龙的骨骼。研究人员对此进行了分析，认为其化石年代晚于小行星撞击事件。因此，有观点认为,也有恐龙在撞击事件中幸存。然而，考虑到地质年代测定中的误差范围，也可以认为这是死于K-Pg界线时期的恐龙的化石。虽然此外也出现过一些类似的案例，但都被认为是原本埋在白垩纪地层中的骨骼经过二次沉积后混入上层地层的结果。

图为被测定为出现在K-Pg界线后的恐龙化石的发现地——位于美国新墨西哥州的圣胡安盆地

活在明亮温暖环境中的生物来说，都是关乎生存的剧变。

各种生物面临酸雨威胁

对于生物来说，小行星撞击事件还带来了另一样严重的影响，那就是酸雨[注5]。

在撞击导致的高温、高压环境下，撞击地点附近沉积的硫酸盐岩发生升华，产生了大量硫磺气体。从陨石所含的硫化矿中也产生了硫磺气体。这些硫磺气体经过氧化，变成硫氧化物，到达平流层后形成了被称为硫酸盐气溶胶[注6]的微小悬浮物层。就像现在被称为PM2.5的微小颗粒物笼罩在亚洲大都市的上空一样，当时的硫酸盐气溶胶也遮蔽了阳光。同时，它又和大气中的水等发生反应，形成了破坏力极强的酸雨。

印度上空的气溶胶

气溶胶的成因多种多样，比如大气污染、森林火灾等。在快速发展的亚洲各国，污染物跨越国境扩散到其他国家的情况也时有发生。

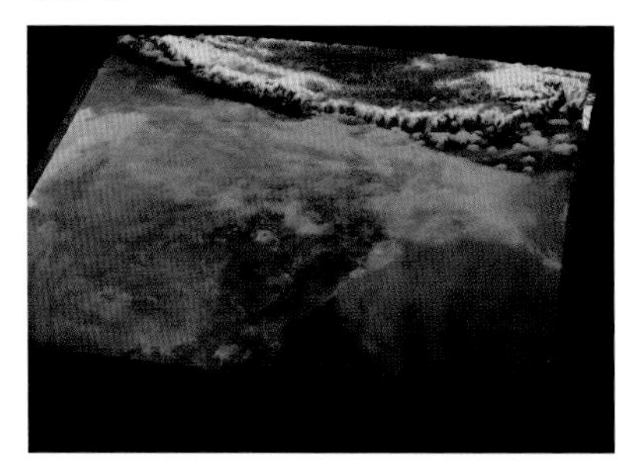

中国的大气污染十分严重

现在，中国正经历着由汽车尾气、工厂排出的废气等造成的大气污染，且日趋严重。6600万年前，地球上的情况更为糟糕。

陆地上的动植物深受酸雨之害，而海洋里的形势也很严峻。因为酸雨，自海面向下最深达100米处的海水都发生了酸化。不仅如此，落到海洋河流里的撞击溅射物和尘埃里所含的铜、汞、铬、铝、铅等有毒物质还造成了水体污染，而且海洋表层的情况尤为严重。海洋生物受到了双重打击。

据说，这些因小行星撞击事件引发的剧烈环境变化，以及之后由二氧化碳造成的全球变暖、臭氧层破坏等情况，持续了几万年到几十万年。而这才是导致生物大量灭绝，特别是让正处于鼎盛期的恐龙时代终结的最大原因。

科学笔记

【烟尘】 第115页 注4
构成植物等有机物的碳元素在不完全燃烧、热分解等作用下生成的黑色粉末物质。其主要成分为碳元素，但也含有少量的氧、氮、氢元素。

【酸雨】 第116页 注5
因化石燃料燃烧生成的硫氧化物、火山爆发生成的氯化氢与大气中的水发生反应后形成硫酸和盐酸，从而使雨水的酸性变强的现象。酸雨会导致土壤、湖泊发生酸化，造成植物枯萎、威胁鱼类生存等危害。

【气溶胶】 第116页 注6
悬浮在空气中的烟雾状微粒，大小不一。既有从东亚的沙漠等地飞来的黄沙，也有纳米级的肉眼不可见的微粒。现在，PM2.5被认为是造成亚洲大气污染问题的主要原因。但PM2.5并不是某种特定物质的名称，而是指直径小于等于2.5微米的颗粒物。

观点碰撞
与陨石无关?! 对小行星撞击说的反驳

针对小行星撞击说，目前为止有许多不同意见，甚至包括反对意见。这些意见大致可以归纳为3种：①恐龙并不是突然灭绝，而是逐渐灭绝的；②恐龙灭绝是火山喷发造成的；③小行星撞击事件和恐龙灭绝无关。

第一种说法目前已经失去了说服力，因为对世界各地的白垩纪末地层的调查结果显示，恐龙灭绝是在地质学意义上的一瞬间发生的事件。

第二种说法，即使是持续很长时间的火山爆发，也无法解释铱元素为什么会在地质学意义上的一瞬间堆积起来。

第三种说法认同希克苏鲁伯陨石坑的确是由小行星撞击形成的，但不认为其他的沉积物也来源于这次撞击事件。然而，这种说法无法像陨石撞击说那样合理地解释撞击坑周围地层的堆积过程，因此正逐渐失去拥护者。

靠近撞击地点的古巴海啸沉积层中，不同水深、不同时代的生物的微化石混杂在一起

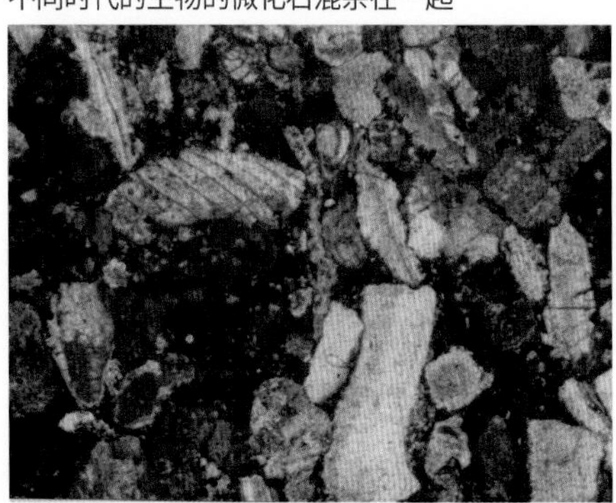

6800万年前—6000万年前的火山活动留下的痕迹——印度德干暗色岩。这里曾被当作“火山爆发引起恐龙灭绝”这一假说的证据

来自顾问的话

天体撞击导致地球环境发生剧变

天体撞击后的环境变化的重要性

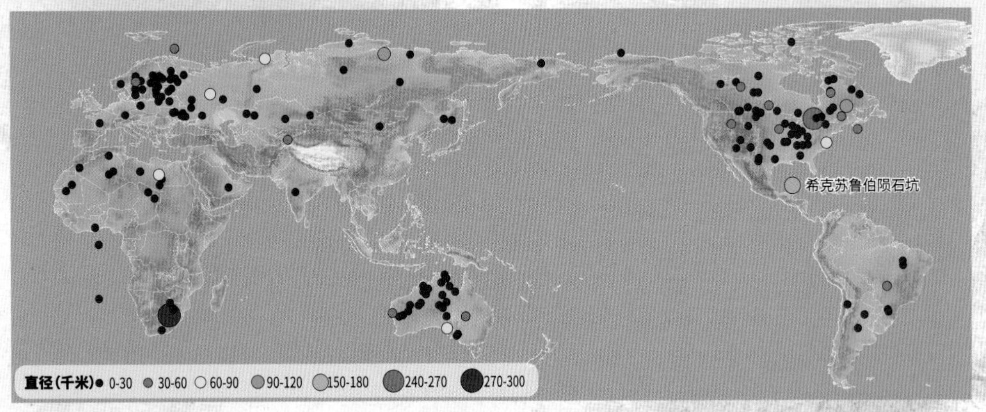

希克苏鲁伯陨石坑是已知的世界第三大陨石坑。海洋中的陨石坑很难被发现，所以几乎没有相关信息

诺贝尔奖得主、物理学家路易斯·阿尔瓦雷茨博士父子共同提出的“天体撞击导致白垩纪末生物大灭绝”的假说，吸引了众多研究者。后来，撞击坑被发现，证明了这一假说的合理性。于是，又出现了“其他生物大灭绝事件是否也是天体撞击造成的”这种意见。诚然，在化石记录众多的显生宙，确实有可能多次发生这种规模的撞击事件。然而，从迄今为止的研究成果来看，并没有证据显示是天体撞击引发了其余几次生物大灭绝。

那么，为什么只有白垩纪末的大灭绝事件被认为是由天体撞击引起的呢？思考这个问题时，首先要厘清一点：并不是撞击事件本身造成了生物大灭绝，而是撞击引发的短期和长期的地球环境变化给动植物带来了巨大的打击，从而导致大灭绝发生。撞击地点不同，撞击引发的环境变化也会大不相同。比如，撞击地点如果不在海里，就不会发生海啸。此外，地球表层分布的岩石种类多样，撞击地点不同，飞溅到空中的物质也会大不相同。白垩纪末的大灭绝事件，是各种复杂的环境变化共同作用的结果。这包括阳光被遮蔽导致光合作用停止、短期寒冷化、热辐射造成地表高温化、酸雨，以及之后长时间持续的气候变暖等。虽然，各个因素的影响程度和持续时间还不是很明确，但如果考虑到这些情况都是在撞击后发生的，那么，就能很好地解释白垩纪末独有的大灭绝模式。

改写地球史的多重“偶然”

在撞击引发的诸多连锁反应中，阳光的遮蔽和热辐射的影响主要由撞击释放的能量决定，也就是由撞击天体的大小和速度决定。而酸雨、气候变暖的影响，则会因撞击地点的不同而产生明显差异。比如，要生成硫酸雨，就需要撞击地点存在可作为原料的物质。在这一点上，白垩纪末的撞击事件，或许可以说是发生在了最糟糕的地方。因为撞击地点正好是厚厚的碳酸盐岩和硫酸盐岩的沉积带，比起其他地方，撞在这里造成的酸雨和气候变暖的影响会更大。

2014 年 3 月，千叶工业大学行星探测研究中心的大野宗祐博士所在的研究小组指出，在诸多环境变化的因素中，酸雨可能是引发白垩纪末大灭绝的重要原因。研究认为，很有可能在撞击发生后的数日内下了非常强的酸雨，导致陆地上的植物枯萎，更是引发了持续 1 年以上的海洋酸化。如此想来，白垩纪末的生物大灭绝，可能是因为规模极大的天体正好撞在了会给地球环境造成巨大负担的地点而引起的。或许正是这种无法预测的偶然的叠加，才大大改写了地球的历史。

■希克苏鲁伯陨石坑截面图

在小行星撞击地点尤卡坦半岛，基岩上覆盖着厚厚的碳酸盐和硫酸盐沉积岩。

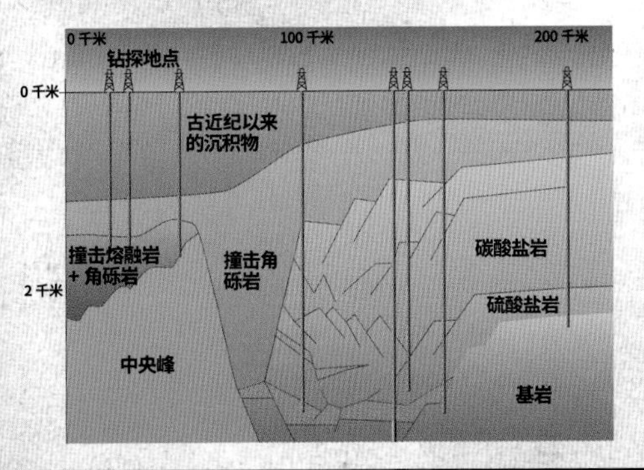

后藤和久，毕业于日本东北大学理学部，东京大学研究生院理学系博士。曾先后任职于日本东北大学研究生院工学研究科和千叶工业大学行星探索研究中心，2012 年开始担任日本东北大学灾害科学国际研究所副教授。研究领域为沉积学、地质学。

随手词典

【凝结核】

在大气中的水蒸气凝结为水滴的过程中起到核心作用的微粒。草木灰、黄沙等土壤物质，海上的浪花飞沫蒸发后留下的盐粒以及大气污染物质等都能成为凝结核。

3. 浓硫酸雨云形成

大气中的硫酸气溶胶发挥了凝结核的作用，为云的形成创造了条件。硫酸溶解在云层中的水滴里，形成了浓硫酸雨云。

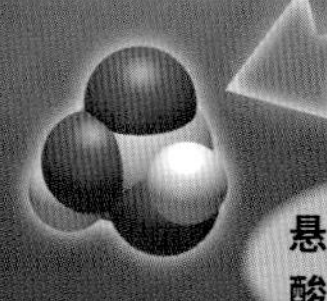

水蒸气附着在尘埃、烟尘等微粒上形成水滴。硫酸溶解在其中。

4. 酸雨倾盆而下

由浓硫酸水滴组成的大雨朝着整个地球倾盆而下。研究认为，从小行星撞击地球到酸雨降下，只需几天的时间。

酸雨流入河流

酸雨导致植物枯萎。植食性恐龙和以它们为食的肉食性恐龙遭遇灭顶之灾。

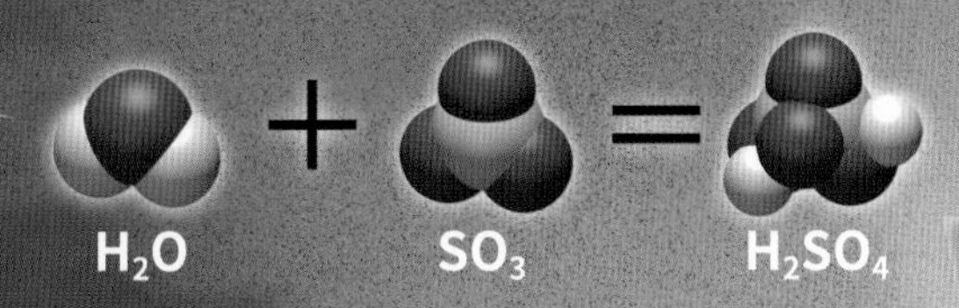

原理揭秘

白垩纪末的酸雨是这样形成的！

三叠纪末的大规模火山爆发、白垩纪末的小行星撞击等引发的生物大灭绝现象总是伴随着硫氧化物向大气中的释放。硫氧化物转化成硫酸雨，从而给生态系统带来莫大的危害。酸雨是解开恐龙灭绝之谜的重要线索之一。它是如何形成的，又是如何结束的，我们一起来看看吧！

1. 小行星的撞击

直径约10千米的小行星，撞在了厚度约3千米的富含碳酸盐和硫酸盐的沉积岩层上。撞击的热量使岩石熔化，大量二氧化碳(CO_2)、二氧化硫(SO_2)、三氧化硫(SO_3)、尘埃以及烟尘等进入大气中。

2. 硫酸的生成

进入大气中的三氧化硫(SO_3)与水(H_2O)发生反应，形成硫酸(H_2SO_4)。硫酸与撞击时飞溅起来的尘埃、烟尘结合，在极短的时间内形成了气溶胶。

原硅酸钙的形成

岩石中所含的硅酸盐、硫酸盐等在撞击时的高温下分解为钙(Ca)、硅(Si)、硫氧化物(SO_2、SO_3)和氧(O_2)等。随后，在撞击蒸气云冷却的同时，这些物质再次结合，在大气中形成了名为原硅酸钙(Ca_2SiO_4)的矿物。

中和

原硅酸钙中和了酸，从而终止了酸雨的危害。淡水生物因此免于灭绝。

原硅酸钙进入河流

假如 如果当时那颗小行星落在了别的地方……

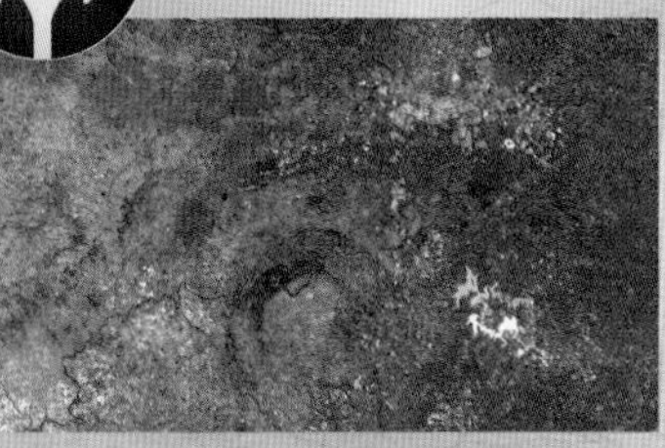

图为世界最大的陨石撞击坑——位于南非的弗里德堡陨石坑

撞击地点正好位于富含碳酸盐和硫酸盐的岩层上，这是造成白垩纪末生物大灭绝的原因之一。如果当时那颗小行星落在别的地方，或许大量生物灭绝的惨剧就不会上演。虽然目前已经发现比希克苏鲁伯陨石坑规模更大的陨石撞击坑，但没有证据表明其他陨石撞击事件也同样引发过生物大灭绝。

恐龙大灭绝

食物链崩塌 恐龙大灭绝倒计时

小行星撞击事件引发的地球环境剧变，给当时的生物造成了不可估量的影响。那个曾有恐龙漫步的丰饶地球是如何变成『死亡星球』的呢？

生物界遭遇地球史上最大规模的悲剧

小行星撞击事件后，地球环境发生了剧变。进入“撞击冬天”的地球黑暗而寒冷，曾经的乐园早已面目全非。

郁郁葱葱的森林变为朽木，失去植物的平原沙尘飞扬。天空被尘埃遮蔽，白天昏暗得如同黑夜。

在大地上漫步的三角龙、追逐猎物的暴龙的身影都消失了，取而代之的是冷风中一具又一具的恐龙尸体。生物的消逝不只发生在陆地上。生活在海洋里的蛇颈龙、成群结队的鱼类的身影也不见了。

小行星撞击地球之后，到底有多少种生物灭绝了？有一种说法是，这场灾难抹去了地球上 70% 的物种。而在靠近撞击地点的北美大陆，更是有 90% 的脊椎动物就此灭绝。其中，居于生态系统顶端的恐龙更是全军覆没。

为什么会发生这样大规模的物种灭绝？问题的关键在于生物界的“食物链”。

也许这就是所谓的“盛者必衰”。

因“撞击冬天”而饿死的恐龙的模拟图

小行星撞击事件引发了“撞击冬天”。不久前还长着茂盛植被的大地，瞬间从乐园变成了沙漠，只剩恐龙等动物的遗骸横卧在这个死亡的世界。

文明与地球 **核战争**

从“撞击冬天”衍生出的“核冬天”理论

“撞击冬天”是陨石撞击地球后引发的环境急剧变化，而核战争也有可能导致同样的环境变化，也就是形成“核冬天”。这是由天体物理学家卡尔·萨根等人在美苏冷战高峰期，即 20 世纪 80 年代初提出的假说。他们推测，假如美国和苏联将两国所持有的核武器全部投入使用，世界各地将发生大规模火灾，大量尘埃、烟尘将会遮天蔽日，正如白垩纪末一样，对生态系统造成不可逆转的损害。

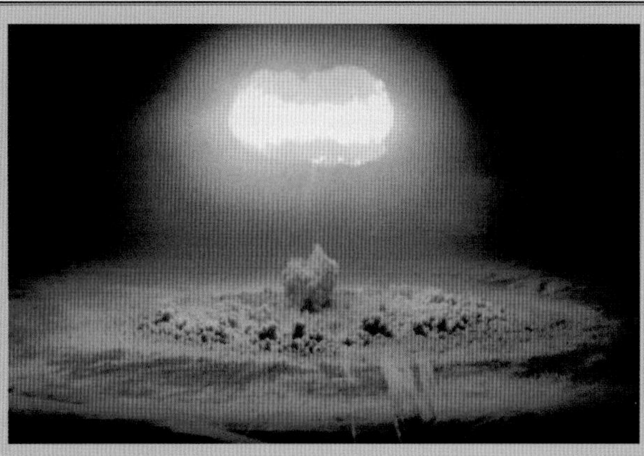

图为令人联想到陨石撞击瞬间的核爆炸瞬间。在冷战时期，美国和苏联进行了多次这样的核试验

现在我们知道！

随着光合作用的停止，连锁性的灭绝开始了

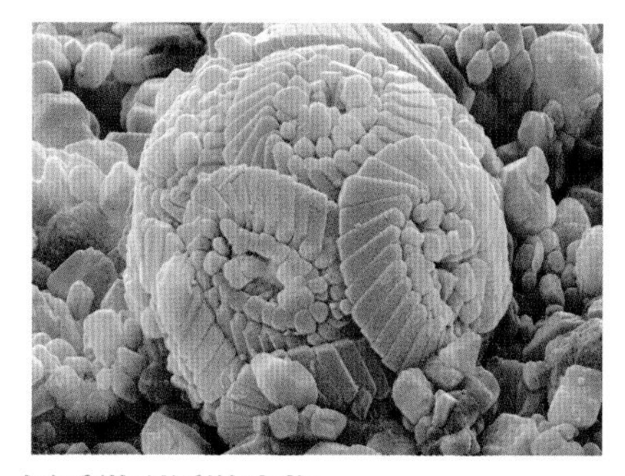

钙质微型浮游生物

由硫酸气溶胶形成的破坏力极强的酸雨，给拥有耐酸性较弱的钙质外壳的微型浮游生物、甲壳类生物等造成了毁灭性打击。

灭绝的恐龙和幸存的哺乳类动物的模拟图

恐龙灭绝了，但爬行动物、两栖动物、哺乳动物中的一部分幸存了下来。这些幸存者是以落叶等腐败的植物、生物的尸骸、昆虫等为食的生物。研究认为，因为这些生物不直接依赖以光合作用生物为基础的食物链，所以逃过了灭绝的命运。

导致恐龙和其他众多生物灭绝的“罪魁祸首”到底是谁？

小行星撞击地球时所产生的气浪、高温以及引发的森林大火等，夺去了撞击地点周围大量生物的生命。然而，来自撞击本身的直接影响只能波及局部地区，不至于达到全球的规模。因此，人们把目光投向了撞击事件后的气候变化，也就是所谓的“撞击冬天”。

正如前面所介绍的，小行星撞击地球后，飞溅而起的尘埃、烟灰、硫酸气溶胶等微小的悬浮物质遮挡了阳光。而一旦阳光被遮蔽，随之而来的就是寒冷化。受影响最大的是那些需要进行光合作用[注1]的植物。对新西兰的地层进行调查后发现，在K-Pg界线以后，需要进行光合作用的被子植物的花粉化石突然消失了。之后的地层中发现的都是不需要进行光合作用的菌类孢子化石，再往后是蕨类的孢子化石。蕨类是即使土壤和环境恶化后也能存活下来的繁殖能力极强的植物。以上这些“证据”向我们展现了这样的事实：小行星撞击事件发生后，植物的光合作用停止了，并且持续了数月甚至数年。

太阳的恩泽消失后生物也消失了

毫无疑问，对于植物来说，光合作用就相当于人的呼吸。它们利用光能，将水和空气中的二氧化碳吸收进细胞里，转换成维持生命所必需的碳水化合物（糖），并且释放这一过程中产生的废弃物——氧气。光合作用一旦停止，植物就无法维持生命活动。阳光的消失，对植物来说意味着死亡。

白垩纪末，植物灭绝现象在全球范围内发生。据推测，在靠近撞击地点的北美大陆内陆地区，植物的灭绝率最高达90%。此外，部分海洋的浮游植物[注2]灭绝率也很高，北半球海洋最高达98%，南半球约为80%。

植物的灭绝看似和恐龙的灭

科技发现

揭示海洋酸化程度的高功率激光装置

因酸雨导致的海洋酸化被认为是生物大灭绝的原因之一。那么，酸雨给海洋造成的影响到底有多大？千叶工业大学行星探测研究中心的研究人员运用高功率激光装置对此进行了研究。他们运用激光，让飞行体撞上与陨石撞击地点相同的硫酸盐岩样本，随后对释放出来的硫氧化物的成分进行分析，并通过计算，推测出当年酸雨的影响程度。

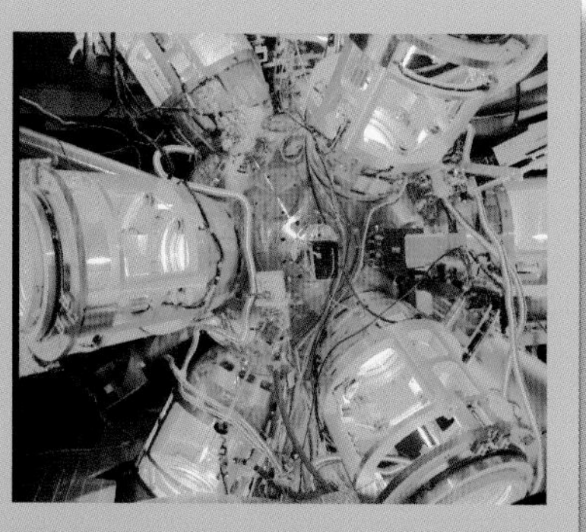

图为实验中用到的大阪大学激光能量学研究中心的高功率激光装置“激光XII号”

捕食食物链和腐食食物链的构成

植物在阳光下进行光合作用。植食动物吃植物，肉食动物吃植食动物。肉食动物死后，它们的尸体会被昆虫等腐食动物吃掉，而昆虫等腐食动物又会成为哺乳类等肉食动物的盘中餐。生物界就是依靠这样的捕食食物链和腐食食物链的循环来维持的。

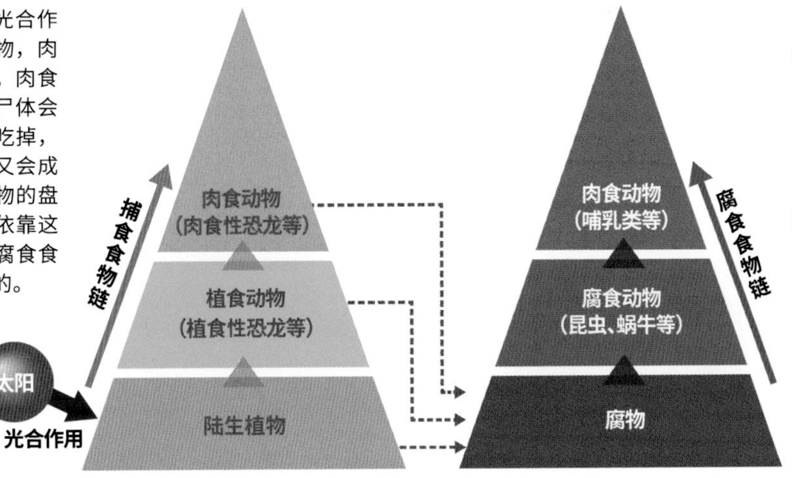

生物都是被食物链串起来的命运共同体啊！

脊椎动物以“科”为单位的灭绝率

从下表可以看出，恐龙的灭绝率特别高。大型恐龙最容易受到食物链崩塌的影响。

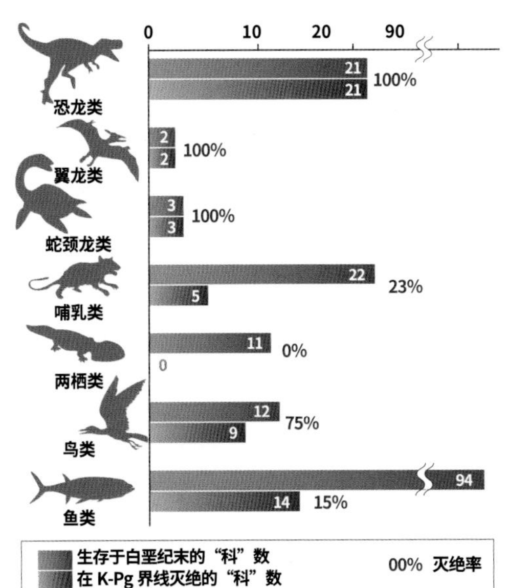

绝没有太大关联，但其实恰恰相反。没有比这更严重的影响了！之所以这样说，是因为在食物链中，植物构成了捕食和被捕食关系的基础。如果植物灭绝了，那么以植物为食的三角龙、尖角龙等植食性恐龙也将必死无疑。紧接着，恐龙界的霸主暴龙、蛇发女怪龙等肉食性恐龙也逃不过灭绝的命运。

恐龙的灭绝给我们敲响了警钟？！

除了光合作用停止以外，还有一个导致恐龙灭绝的重要因素——悬浮在大气中的硫酸气溶胶经过化学反应后形成的超强酸雨。虽然，关于当时酸雨的强度，不同学者的观点略有差异，但大家普遍认为，那场酸雨持续下了数日甚至数年。

酸雨不仅危害了陆生动植物，更是给海洋生物带来严重的影响。近年的研究表明，当时因酸雨造成的海洋酸化持续了1年以上，对耐酸性较弱的钙质微型浮游生物以及浮游有孔虫[注3]等构成食物链基础环节的生物而言，无疑是毁灭性的打击。

不仅如此，位于海洋食物链底端的浮游植物的光合作用也停止了。海洋生物遭受到双重打击。结果，以浮游植物为食的浮游动物，以及以它们为食的菊石等软体动物、小型鱼类等在这场浩劫中灭绝。而处于食物链高位的大型鱼类、水生爬行动物沧龙等也从地球上消失了。

恐龙，曾享受过远长于人类历史的繁荣期。然而，它们的历史，却因小行星撞击地球这一“瞬间”事件所引发的食物链崩塌而草草收场。可以说，恐龙的灭绝是地球环境急剧恶化的结果，而这也给正面临着严重环境问题的现代社会敲响了警钟。

近距直击

将来，会有多少恐龙被发现？

恐龙的繁荣几乎跨越了整个中生代，持续了1亿6000多万年。据推测，在整个恐龙时代中，恐龙的物种至少达到了5000至6000种。虽然不同研究者的观点略有差异，但现在已发现的恐龙约有540个“属”。据推测，到2100年，这个数字可能会上升到1850个。

2011年，研究人员在阿根廷南部的巴塔哥尼亚地区发现了有可能是世界上体形最大的恐龙的化石

科学笔记

【光合作用】 第122页注1
植物等利用阳光等光能，吸收水和大气中的二氧化碳，合成碳水化合物（糖）的过程。在分解水的过程中产生的氧气会被释放出来。真核生物使用被称为“叶绿体”的细胞器进行光合作用。

【浮游植物】 第122页注2
生活在海洋湖泊表层的微小浮游生物。它们利用照射到水面的阳光进行光合作用，生产能量。因海水、湖水的富营养化而产生赤潮、绿藻等的情况时有发生，这是浮游植物大量生长而引发的现象。

【有孔虫】 第123页注3
一种体形小于1毫米，大多拥有钙质外壳，形似阿米巴虫的原生动物。生活在海洋表层的称为浮游有孔虫，生活在海底的称为底栖有孔虫。有些浮游有孔虫会和微小的藻类共生，以后者进行光合作用所产生的有机物为食。

存活至K-Pg界线的恐龙

暴龙
Tyrannosaurus
兽脚亚目　肉食　全长约12米

三角龙
Triceratops
头饰龙亚目　植食　全长约8米

埃德蒙顿龙
Edmontosaurus
鸟脚亚目　植食　全长约9～13米

甲龙
Ankylosaurus
装甲亚目　植食　全长约7米

2.植食性恐龙的灭绝

经过几个月到几年的时间，对流层中的尘埃和烟尘逐渐落下，但位于对流层上方的平流层中的硫酸气溶胶等物质仍然遮挡着阳光。地球进入寒冷化，植物枯萎，植食性恐龙灭绝了。研究认为，最先死去的是需要大量食用植物的大型物种。

3.肉食性恐龙的灭绝

植食性恐龙灭绝后，以它们为食的肉食性恐龙也灭绝了。除了恐龙以外，陆地上的翼龙、海洋里的大型脊椎动物沧龙、蛇颈龙、无脊椎动物中的菊石也灭绝了。

幸存的淡水生物

在淡水环境中，食物资源大多来自从陆地汇入的有机物，因此，即使陆生植物的光合作用停止了，食物链也不会立即崩塌。在北美大陆，陆生脊椎动物的90%（物种）灭绝了，而淡水脊椎动物的灭绝率却只有10%左右。

原理揭秘

从光合作用停止到恐龙大灭绝的始末

白垩纪末的食物链金字塔，因小行星撞击地球后引起的环境变化而从底层开始崩塌。位于塔尖的恐龙在 K-Pg 界线时期消失了，而哺乳类、淡水生物却没有灭绝。让我们一起来看看决定命运的一连串事件吧！

1. 阳光被遮蔽导致光合作用停止

因撞击而扬起的尘埃、烟尘和硫酸气溶胶悬浮在大气中，遮蔽了阳光，且持续了数月甚至数年。白天昏暗得如同黑夜，植物的光合作用停止了。

据推测，在尘埃和烟尘的影响下，阳光的透过率只有平时的一百万分之一。

从地表到高空，对流层的平均厚度约11千米。颗粒相对较大的尘埃和烟尘就停留在这一层。

全球范围内发生植物灭绝事件。在北美大陆内陆地区，植物的灭绝率高达90%。

K-Pg界线时期的腐食食物链

以枯叶、朽木、生物遗骸等腐屑及菌类、昆虫等为起点的食物链称为腐食食物链。研究认为，有别于以活体光合作用生物为基础的捕食食物链，腐食食物链中的动物即使在植物光合作用停止后也能生存。

以昆虫为食的哺乳类

研究认为，哺乳类免于灭绝的原因之一是当时的肉食哺乳类中存在一些以昆虫为食的物种。

流进河里的有机物

啃食恐龙尸体的昆虫

以朽木、枯叶为食的蜗牛等腹足类

地球进行时！

不依赖光合作用的寄生植物和腐生植物

寄生植物和腐生植物，是通过光合作用以外的方式获得养分的植物。大王花等全寄生植物，用被称为寄生根的部位侵入宿主，吸取养分。球果假水晶兰等腐生植物，会寄生在和其他植物共生的菌根菌上，通过菌根菌获取养分。

图为球果假水晶兰，主要分布于亚洲

变质岩

| *Metamorphic rocks* |

在热量和压力作用下“脱胎换骨”的岩石

岩石分为火成岩、沉积岩和变质岩三大类。变质岩是指火成岩、沉积岩及变质岩本身经由“进一步”变质作用而形成的岩石。变质作用是指在高温、高压作用下，矿物成分、晶体结构、岩石组织发生变化的过程。不同的原岩种类加上不同性质的变质作用，造就了种类繁多的变质岩。

变质岩的种类

变质岩可分为“接触变质岩”和“区域变质岩”两大类。接触变质岩是指因高温岩浆涌到地表附近，导致周围的岩石在热量作用下发生变质作用而形成的岩石，区域变质岩是指沉降到地下深处的岩石，在地热和压力作用下发生变质作用后形成的岩石。

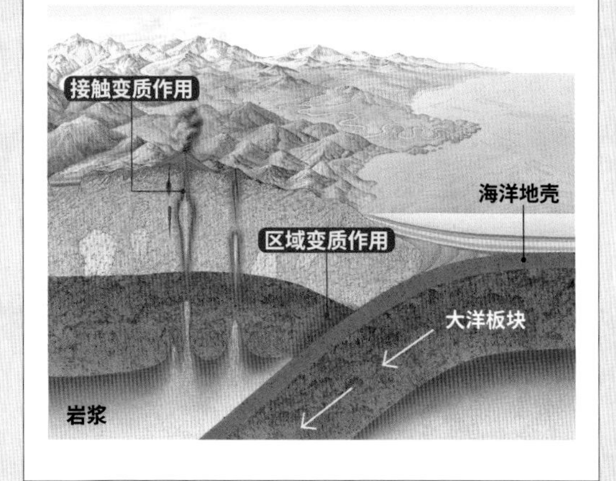

【角页岩】

| *Hornfels* |

砂岩、泥岩、页岩等沉积岩在热变质作用下二次结晶后形成的、比原岩更坚硬的岩石。在变质岩中，经常可以看到矿物按一定方向排列的“片状构造”。不过，角页岩是在高温作用下形成的，因此没有上述构造，往往是毫无特点的块状岩石。

山口县萩市的名胜——须佐角页岩

数据	
变质岩类型	接触变质岩
主要矿物成分	堇青石、黑云母
主要用途	建筑材料

【结晶灰岩】

| *Crystalline limestone* |

石灰岩在岩浆等的热量作用下发生变质而二次结晶所形成的主要由方解石构成的变质岩，通常被称为大理石。如果原岩纯度较高，且变质过程中没有混入杂质，最终形成的变质岩将接近纯白色。因为这种石材的加工相对比较容易，所以曾被用作欧洲国家等地古代建筑的建材。

印度的泰姬陵是一座用大理石建成的陵墓

数据	
变质岩类型	接触变质岩
主要矿物成分	方解石
主要用途	装饰材料、建筑材料

【蛇纹岩】

| *Serpentinite* |

构成地幔的富含橄榄石的橄榄岩，在低温条件下发生变质所形成的以蛇纹石为主体的岩石。因其有蛇皮状的花纹，所以被命名为蛇纹岩。蛇纹石经过打磨后光泽度上升，且质地较软，便于精细加工。因此，花纹好看的蛇纹石常被用来制作珍贵的工艺品。

日本百大名山之一——群马县至佛山的山顶附近的蛇纹岩

数据	
变质岩类型	接触变质岩
主要矿物成分	蛇纹石
主要用途	耐火材料、观赏用水石

近距直击

日本的区域变质带

形成区域变质岩的变质作用大多发生在板块的隐没边缘。因其呈带状分布，宽度可达数十千米，长度可达数十至数百千米，所以被称为“区域变质带”。区域变质带包括高温低压变质带和低温高压变质带，以造山带为中心平行分布。

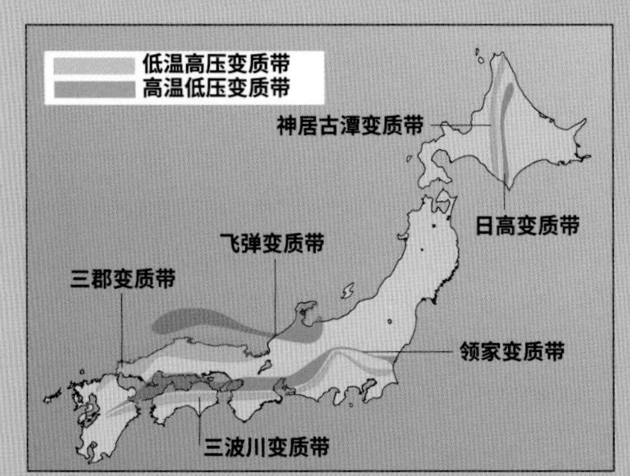

日本主要的区域变质带

近距直击

“破裂锥”——陨石撞击留下的伤痕

“破裂锥”是陨石撞击留下的独特证据之一。这是一种常见于陨石坑周边岩石的锥状构造，表明撞击时产生的冲击波是以圆锥状向地下传播的。换言之，这是冲击波给岩石带来的伤痕。在这些岩石的表面可以看到像马尾巴一样的纹路，较大的长度可达15米。

澳大利亚戈斯峭壁陨石坑的破裂锥

【千枚岩】

Phyllite

千枚岩是泥岩、粉砂岩或浊流沉积而成的浊积岩在热量和压力作用下的产物。变质程度介于板岩和片岩之间。矿物按一定方向排列，薄且易碎，片理明显。因看起来像是能剥成一千片岩石而得名。片理的断面带有光泽。

古印度犍陀罗国的千枚岩雕刻

数据	
变质岩类型	区域变质岩
主要矿物成分	石英、绢云母
主要用途	石碑、园林景观石

【红帘石片岩】

Piemontite schist

红帘石片岩是含锰的燧石等沉积岩在区域变质作用下形成的结晶片岩的一种。含锰的红帘石带有红色。红帘石并不多见，只出产于日本埼玉县的长瀞町等少数地区。

埼玉县长瀞町的荒川河岸边露出地表的红帘石

数据	
变质岩类型	区域变质岩
主要矿物成分	红帘石、石英
主要用途	园林景观石、石碑

【角闪石片麻岩】

Hornblende gneiss

角闪石是指含有钙、镁、铝等成分的黑绿色或浓绿色的硅酸盐矿物。角闪石片麻岩是以角闪石、白色或灰色石英、长石等矿物为主要成分的变质岩。片麻岩一般在火山喷发物比例较高时容易生成，表面被称为“片麻状构造”的花纹是其特征。

数据	
变质岩类型	区域变质岩
主要矿物成分	角闪石、石英
主要用途	建筑材料

【糜棱岩】

Mylonite

糜棱岩是在断层运动作用下，原岩的矿物颗粒变细并定向排列而形成的岩石。岩石中的大部分矿物成分变成了细粒，但偶尔也可以看到较大的晶体。糜棱岩一般是用于构造地质学和活断层研究的用语，可能存在与岩石学上的定义不同的情况。

数据	
变质岩类型	区域变质岩
主要矿物成分	石英、斜长石
主要用途	建筑材料

【榴辉岩】

Eclogite

榴辉岩主要由石榴石和绿辉石2种矿物组成，是海底的玄武岩在地壳深部经变质作用形成的岩石。沉积岩是否能变成榴辉岩，取决于它的化学成分。榴辉岩可以帮助我们了解地壳之下的情况，如地壳深部的样貌等。

数据	
变质岩类型	区域变质岩
主要矿物成分	单斜辉石、石榴石
主要用途	装饰材料

全美规模最大、广阔无垠的大沼泽

大沼泽地国家公园

位于美利坚合众国佛罗里达州，1979 年被列入《世界遗产名录》。

佛罗里达半岛南端有一片广阔的湿地。这片被原住民称为“青草之河”的湿地，其实是一条每日缓缓流动 5 ～ 8 厘米、最宽处可达 150 千米的大河。大沼泽地国家公园是这片湿地的一部分，其面积只占总体的 20%，却相当于 3 个东京都那么大，是生存在这里的濒危动物的宝贵家园。

生活在湿地的动物

美洲鳄

美洲鳄是全长可达4.6米，体重可达 900 千克的大型鳄鱼。这里也生活着它的近亲——美国短吻鳄。

东部靛蓝蛇

游蛇科的一种。全长约 3 米。原产于北美东部，且颜色为接近黑色的靛蓝，因而得名。

佛罗里达美洲狮

猫科美洲金猫属的亚种。据说，它们只生活在大沼泽周边一带，属于濒危物种，目前存活的数量不到 100 只。

紫青水鸡

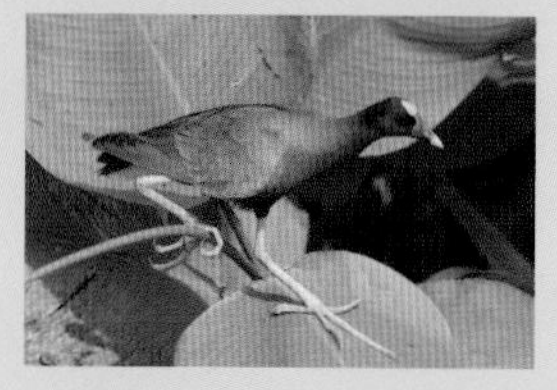

秧鸡科的一种。全长 30 厘米左右。图为正在水草上灵巧地走动的紫青水鸡。它虽然没有蹼，却擅长游泳。

像是要填满整片大地的红树林

在这片湿地上，被称为“吊床”的小岛星罗棋布。在靠近海岸的部分，红树林像迷宫一样延展。然而，这一自然宝库的生态系统在周边开发带来的环境破坏等因素的影响下，遭到了严重破坏。因此，大沼泽地国家公园在 1993 年被列入了《濒危世界遗产名录》。后来，因为情况有所改善，一度在 2007 年被移出该名单，但在 2010 年被再次列入。

候鸟

为什么鸟儿们要冒着生命危险踏上长途旅行？

为了迁徙，有些鸟会飞越零下30摄氏度的喜马拉雅山脉。还有一些鸟每年都会往返于南北两极，距离远得令人难以置信。到底是什么驱使着它们即使冒着危险也要迁徙？

养育着雏鸟、不知疲倦地飞来飞去的鸟儿们，会在秋风起时，连同雏鸟一起忽地消失。之后，随着季节的更迭，它们又会突然出现。自古以来，人们都觉得这很不可思议，于是各种猜想应运而生。“它们变身成了其他动物。”“不，它们一定是到月亮上去了！”古希腊哲学家亚里士多德也曾推测过燕子的去向——

“它们是进到树洞或泥土里冬眠了。”

现在，我们已经知道，世界上有一半的鸟类都有迁徙行为。而且，方向、距离等迁徙习惯和迁徙路线因种群的不同而不同，可谓千差万别。

体重仅100克的北极燕鸥大概是迁徙路线最长的鸟类。2010年，格陵兰岛的一支研究团队发表的调查结果显示，这种鸟每年都会经由非洲大陆、南美大陆往返于地处北极圈的格陵兰岛和南极之间。它们的飞行距离约为8万千米，相当于绕地球2圈。

为什么候鸟宁可冒着危险也要迁徙呢？一般认为，它们这样做是为了在更有利的地方度过繁殖期和繁殖期以外的时间，但真的只是这样吗？

图为正在飞越喜马拉雅山脉，向高空8000米进发的蓑羽鹤群。它们能够巧妙地借助山谷中的强风越过高峰。喜马拉雅上空的气温约为零下30摄氏度，氧气浓度只有地表的1/3，条件十分严酷

即使被隔离，也会本能地产生迁徙的冲动

有关候鸟们开始迁徙的契机，德国的一支研究团队进行了一项很有意思的为期20年的实验，并发表了成果。他们创造了一个实验环境，屏蔽了日照时间、气温变化等反映季节变化的外部刺激，对本该在欧洲繁殖后飞到非洲去过冬的小鸟黑顶林莺进行了饲养观察。

令他们感到惊讶的是，关在实验鸟笼里的鸟儿们，一旦到了秋天和春天这些迁徙季节，就会朝着本该迁徙的方向不安地飞来飞去。而且，当它们的同伴们正在海洋、沙漠等严酷的环境中飞行的时候，它们会更加活跃地扇动翅膀。更神奇的是，当正在迁

蓑羽鹤每年春天到夏天，会在西伯利亚、蒙古等地的草原繁殖、养育幼鸟。幼鸟出生1个月后就能长到和父母差不多大小。出生3个月后的秋天，幼鸟就会和成鸟一起飞越喜马拉雅山脉，到印度过冬

蓑羽鹤是世界上最小的鹤，全长约 90 厘米。飞越喜马拉雅山脉时，成百上千只蓑羽鹤会排成“V”字编队

北极燕鸥是迁徙距离最长的候鸟，寿命可长达 30 多年。研究认为，它们在横跨热带区域前，会在大西洋的远洋地区逗留，捕食鱼类等补充能量

徙的同伴们到达目的地时，它们的不安也会平息，并和生活在自然环境中的同伴们一样更换羽毛。

此外，即使是同种鸟类，如果栖息地不同，迁徙的距离也会不同。那么，假如让不同栖息地的同种鸟类进行交配，结果会怎么样呢？事实是，迁徙 100 千米的鸟爸爸和迁徙 200 千米的鸟妈妈所生的小鸟，会在迁徙距离为 150 千米的同类们起程时，像被体内的某种力量驱动了一样，变得活跃。

“迁徙”这一行为被编进了候鸟的基因里。这个实验证实了这一点。不过，实验鸟笼里的候鸟的迁徙周期准确来说并不是 1 年，而是大致在 1 年左右。也就是说，迁徙周期是会随着日照时间等不同时期的

应对全球规模的环境变化

鸟类，在 2 亿 130 万年前至 1 亿 4500 万年前的侏罗纪逐步进化。到大约 5000 万年前时，和现在的类群相同的品种已经大量存在，但当时大陆所处的位置和现在大不相同。

南北美大陆是分开的，非洲大陆离现在的欧亚大陆很远。毫无疑问，之后持续的大陆漂移，影响了鸟类的分布和迁徙。

不过，有观点认为，相比大陆漂移，更大的影响来自冰川期。10 万年前的地球比现在温暖，北极圈也有鸟类栖息。后来，中等规模的冰期到来，北半球大部分地区被冰覆盖，鸟类无可奈何，只能南下。不久后，间冰期到来，冰床后退到了和现

向南方迁徙。或许正是因为这样反复出现的冰期，导致特定的鸟类养成了迁徙的习惯，并将这种习惯编入了基因。

然而，从数年前开始，世界各地的研究者们针对候鸟的问题为世人敲响了警钟。在全球变暖、人类对环境的破坏等因素的影响下，70% 的候鸟的迁徙距离发生了变化。曾经长途迁徙的，现在改成了短途；曾经短途迁徙的，现在不再迁徙。此外，候鸟的数量也在减少：在过去的 40 年中，北美地区减少了 50% 以上，欧洲、中东、非洲等地也减少了 40%。

难道历经数亿年才编成的基因，在不到 1 个世纪的时间里发生的全球变暖、环境破坏等因素影响下，就这样轻易变异了吗？试想一下，候鸟一去不复返的世界将

Q 恐龙进化成了鸟类，逃过了灭绝的命运？

A 恐龙灭绝了，但从非鸟类恐龙进化而来的鸟类却存活至今。不过，它们并不是为了避免灭绝而进化成鸟类的。向鸟类的演化在小行星撞击地球的很久之前就已经开始了。白垩纪前期，现代鸟类的直系祖先真鸟类已经诞生。鸟类或许也经历了 K-Pg 界线的灭绝事件，但因为拥有某种恐龙没有的能力而幸存了下来。目前还不知道这种能力是什么，但是同样能在天空飞翔的翼龙也在 K-Pg 界线时期完全灭绝了，所以应该是除了飞行以外的能力。

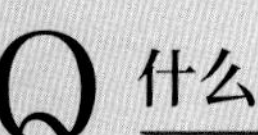

Q 什么是 K-Pg 界线？什么是 K/T 界线？

A 中生代白垩纪和紧接其后的新生代古近纪的界线，即“白垩纪—古近纪”，在地质学中被简称为“K-Pg”。“K”和“Pg”都是地质年代的缩写。白垩纪在英文中被称为“Cretaceous”，但因为首字母为“C”的地质年代较多，所以采用了德语中的说法“Kreidezeit”的首字母。“Pg”来自古近纪的英文说法“Paleogene”。曾被使用过的“K/T”是“白垩纪-第三纪（英文为 Tertiary）”的缩写。2009 年，国际地质科学联盟（IUGS）对地质年代进行了重新定义和划分，“第三纪”变成了非正式用语，于是该界线被改称为“K-Pg”界线。

图为意大利中部的古比奥近郊的 K-Pg 界线层。路易斯·阿尔瓦雷茨最初就是在这里发现了铱元素含量异常高的黏土层

Q 为什么现在还流传着一些关于恐龙灭绝的新说法？

A 小行星撞击地球是恐龙灭绝的导火线这一说法早已成了定论。然而，对于“撞击说”，仍有一些研究者持反对意见。他们虽然认可小行星撞击事件本身，但将生物大灭绝的原因归结为火山爆发，即所谓的“火山爆发说”。“陨石撞击说是错的”这种推翻定论、引人哗然的研究结果引发了媒体的关注。不过，其他研究者认为，无论哪种研究结果都没有给出足以推翻陨石撞击说的科学解释。

Q 现在，面临灭绝危机的野生动物有多少？

A 全球性自然保护机构世界自然保护联盟编制了《世界自然保护联盟濒危物种红色名录》。截至 2014 年 6 月，该名录中“已面临高度灭绝危机”的类别下罗列的野生生物包括 1194 种哺乳动物、1308 种鸟类、902 种爬行动物、1961 种两栖动物、2172 种鱼类、4070 种无脊椎动物和 10487 种植物，共计 22094 种。日本的环境省也单独发布了日本野生动物的红色名录。2012 至 2013 年公布的环境省红色名录显示，日本境内濒临灭绝的物种高达 3597 种。

图为西表山猫，在世界自然保护联盟和日本环境省的红色名录中都被标记为『极危（IA）』类（其野生种群在不久的将来面临灭绝的可能性极高）

Q 现在也会下酸雨，要不要紧？

A 酸雨是造成白垩纪末生物大灭绝的原因之一，但和现在的酸雨相比，酸的浓度大不相同。白垩纪末的酸雨是因陨石撞击地点沉积的硫酸盐岩蒸发后释放出三氧化硫而形成的。三氧化硫会在短时间内转化成硫酸，带来严重的酸雨。现在，正在发生的全球规模的酸雨，主要是由二氧化硫和氮氧化物形成的，其酸度低于白垩纪末的酸雨。因此，现在的酸雨并没有造成像白垩纪末那样严重的海洋酸化，但也导致了各种各样的问题，比如森林的枯萎，河川湖泊酸化引发的鱼类繁殖力减弱等。

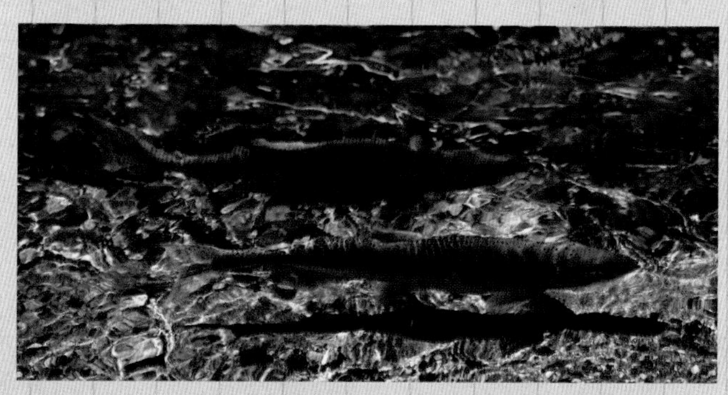

图为日本的红鲑鱼，即使海水发生微弱的酸化，它们也会停止产卵

国内名校校长推荐

这套书一言以蔽之就是“大”：开本大，拿在手里翻阅非常舒适；规模大，有 50 个循序渐进的专题，市面罕见；团队大，由数十位日本专家倾力编写，又有国内专家精心审定；容量大，无论是知识讲解还是图片组配，都呈海量倾注。更重要的是，它展现出的是一种开阔的大格局、大视野，能够打通过去、现在与未来，培养起孩子们对天地万物等量齐观的心胸。

面对这样卷帙浩繁的大型科普读物，读者也许一开始会望而生畏，但是如果打开它，读进去，就会发现它的亲切可爱之处。其中的一个个小版块饶有趣味，像《原理揭秘》对环境与生物形态的细致图解，《世界遗产长廊》展现的地球之美，《地球之谜》为读者留出的思考空间，《长知识！地球史问答》中偏重趣味性的小问答，都缓解了全书讲述漫长地球史的厚重感，增加了亲切的临场感，也能让读者感受到，自己不仅是被动的知识接受者，更可能成为知识的主动探索者。

在 46 亿年的地球史中，人类显得非常渺小，但是人类能够探索、认知到地球的演变历程，这就是超越其他生物的伟大了。

——清华大学附属中学校长

纵观整个人类发展史，科技创新始终是推动一个国家、一个民族不断向前发展的强大力量。中国是具有世界影响力的大国，正处在迈向科技强国的伟大历史征程当中，青少年作为科技创新的有生力量，其科学文化素养直接影响到祖国未来的发展方向，而科普类图书则是向他们传播科学知识、启蒙科学思想的一个重要渠道。

“46 亿年的奇迹：地球简史”丛书作为一套地球百科全书，涵盖了物理、化学、历史、生物等多个方面，图文并茂地讲述了宇宙大爆炸至今的地球演变全过程，通俗易懂，趣味十足，不仅有助于拓展广大青少年的视野，完善他们的思维模式，培养他们浓厚的科研兴趣，还有助于养成他们面对自然时的那颗敬畏之心，对他们的未来发展有积极的引导作用，是一套不可多得的科普通识读物。

——河北衡水中学校长

“46 亿年的奇迹：地球简史”值得推荐给我国的少年儿童广泛阅读。近 20 年来，日本几乎一年出现一位诺贝尔奖获得者，引起世界各国的关注。人们发现，日本极其重视青少年科普教育，引导学生广泛阅读，培养思维习惯，激发兴趣。这是一套由日本科学家倾力编写的地球百科全书，使用了海量珍贵的精美图片，并加入了简明的故事性文字，循序渐进地呈现了地球 46 亿年的演变史。把科学严谨的知识学习植入一个个恰到好处的美妙场景中，是日本高水平科普读物的一大特点，这在这套丛书中体现得尤为鲜明。它能让学生从小对科学产生浓厚的兴趣，并养成探究问题的习惯，也能让青少年对我们赖以生存、生活的地球形成科学的认知。我国目前还没有如此系统性的地球史科普读物，人民文学出版社和上海九久读书人联合引进这套书，并邀请南京古生物博物馆馆长冯伟民先生及其团队审稿，借鉴日本已有的科学成果，是一种值得提倡的“拿来主义”。

——**华中师范大学第一附属中学校长**

青少年正处于想象力和认知力发展的重要阶段，具有极其旺盛的求知欲，对宇宙星球、自然万物、人类起源等都有一种天生的好奇心。市面上关于这方面的读物虽然很多，但在内容的系统性、完整性和科学性等方面往往做得不够。“46 亿年的奇迹：地球简史”这套丛书图文并茂地详细讲述了宇宙大爆炸至今地球演变的全过程，系统展现了地球 46 亿年波澜壮阔的历史，可以充分满足孩子们强烈的求知欲。这套丛书值得公共图书馆、学校图书馆乃至普通家庭收藏。相信这一套独特的丛书可以对加强科普教育、夯实和提升我国青少年的科学人文素养起到积极作用。

——**浙江省镇海中学校长**

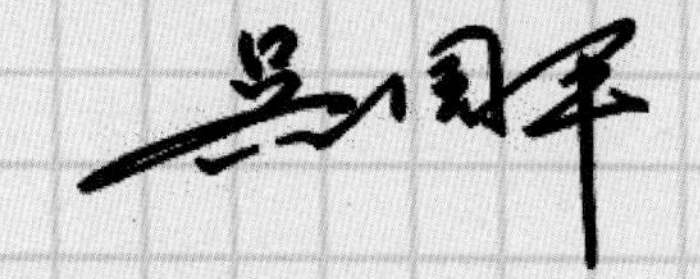

人类文明发展的历程总是闪耀着科学的光芒。科学，无时无刻不在影响并改变着我们的生活，而科学精神也成为“中国学生发展核心素养”之一。因此，在科学的世界里，满足孩子们强烈的求知欲望，引导他们的好奇心，进而培养他们的思维能力和探究意识，是十分必要的。

摆在大家眼前的是一套关于地球的百科全书。在书中，几十位知名科学家从物理、化学、历史、生物、地质等多个学科出发，向孩子们详细讲述了宇宙大爆炸至今地球 46 亿年波澜壮阔的历史，为孩子们解密科学谜题、介绍专业研究新成果，同时，海量珍贵精美的图片，将知识与美学完美结合。阅读本书，孩子们不仅可以轻松爱上科学，还能激活无穷的想象力。

总之，这是一套通俗易懂、妙趣横生、引人入胜而又让人受益无穷的科普通识读物。

——东北育才学校校长

读“46 亿年的奇迹：地球简史”，知天下古往今来之科学脉络，激我拥抱世界之热情，养我求索之精神，蓄创新未来之智勇，成国家之栋梁。

——南京师范大学附属中学校长

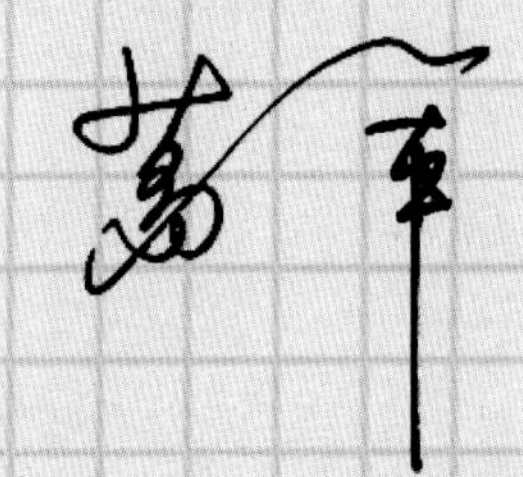

我们从哪里来？我们是谁？我们要到哪里去？遥望宇宙深处，走向星辰大海，聆听 150 个故事，追寻 46 亿年的演变历程。带着好奇心，开始一段不可思议的探索之旅，重新思考人与自然、宇宙的关系，再次体悟人类的渺小与伟大。就像作家特德·姜所言：“我所有的欲望和沉思，都是这个宇宙缓缓呼出的气流。”

——成都七中校长

易国栋

看到这套丛书的高清照片时，我内心激动不已，思绪倏然回到了小学课堂。那时老师一手拿着篮球，一手举着排球，比画着地球和月球的运转规律。当时的我费力地想象神秘的宇宙，思考地球悬浮其中，为何地球上的江河海水不会倾泻而空？那时的小脑瓜虽然困惑，却能想及宇宙，但因为想不明白，竟不了了之，最后更不知从何时起，还停止了对宇宙的遐想，现在想来，仍是惋惜。我认为，孩子们在脑洞大开、想象力丰富的关键时期，他们应当得到睿智头脑的引领，让天赋尽启。这套丛书，由日本知名科学家撰写，将地球 46 亿年的壮阔历史铺展开来，极大地拉伸了时空维度。对于爱幻想的孩子来说，阅读这套丛书将是一次提升思维、拓宽视野的绝佳机会。

——广州市执信中学校长

何勇

这是一套可作典藏的丛书：不是小说，却比小说更传奇；不是戏剧，却比戏剧更恢宏；不是诗歌，却有着任何诗歌都无法与之比拟的动人深情。它不仅仅是一套科普读物，还是一部创世史诗，以神奇的画面和精确的语言，直观地介绍了地球数十亿年以来所经过的轨迹。读者自始至终在体验大自然的奇迹，思索着陆地、海洋、森林、湖泊孕育生命的历程。推荐大家慢慢读来，应和着地球这个独一无二的蓝色星球所展现的历史，寻找自己与无数生命共享的时空家园与精神归属。

——复旦大学附属中学校长

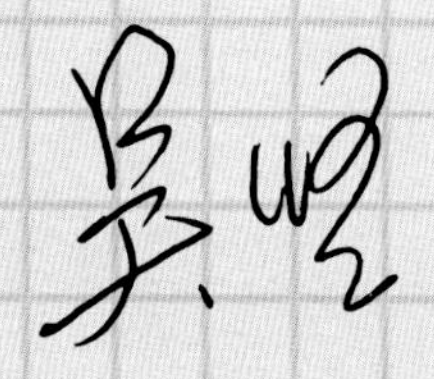

地球是怎样诞生的，我们想过吗？如果我们调查物理系、地理系、天体物理系毕业的大学生，有多少人关心过这个问题？有多少人猜想过可能的答案？这种猜想和假说是怎样形成的？这一假说本质上是一种怎样的模型？这种模型是怎么建构起来的？证据是什么？是否存在其他的假说与模型？它们的证据是什么？哪种模型更可靠、更合理？不合理处是否可以修正、如何修正？用这种观念解释世界可以为我们带来哪些新的视角？月球有哪些资源可以开发？作为一个物理专业毕业、从事物理教育 30 年的老师，我被这套丛书深深吸引，一口气读完了 3 本样书。

学会用上面这种思维方式来认识世界与解释世界，是科学对我们的基本要求，也是科学教育的重要任务。然而，过于功利的各种应试训练却扭曲了我们的思考。坚持自己的独立思考，不人云亦云，是每个普通公民必须具备的科学素养。

从地球是如何形成的这一个点进行深入的思考，是一种令人痴迷的科学训练。当你读完全套书，经历 150 个节点训练，你已经可以形成科学思考的习惯，自觉地用模型、路径、证据、论证等术语思考世界，这样你就能成为一个会思考、爱思考的公民，而不会是一粒有知识无智慧的沙子！不论今后是否从事科学研究，作为一个公民，在接受过这样的学术熏陶后，你将更有可能打牢自己安身立命的科学基石！

——上海市曹杨第二中学校长

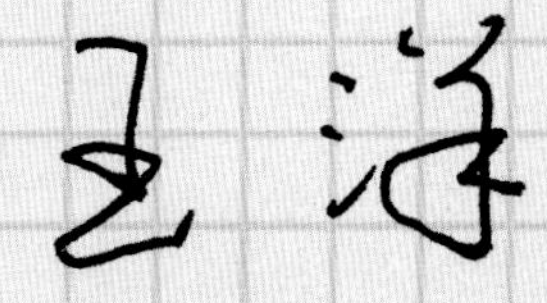

强烈推荐“46 亿年的奇迹：地球简史”丛书！

本套丛书跨越地球 46 亿年浩瀚时空，带领学习者进入神奇的、充满未知和想象的探索胜境，在宏大辽阔的自然演化史实中追根溯源。丛书内容既涵盖物理、化学、历史、生物、地质、天文等学科知识的发生、发展历程，又蕴含人类研究地球历史的基本方法、思维逻辑和假设推演。众多地球之谜、宇宙之谜的原理揭秘，刷新了我们对生命、自然和科学的理解，会让我们深刻地感受到历史的瞬息与永恒、人类的渺小与伟大。

——上海市七宝中学校长

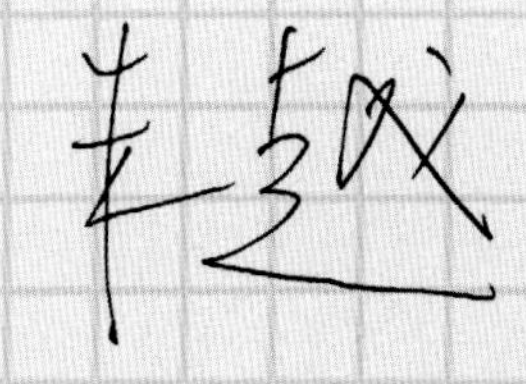

著作权合同登记号 图字01-2020-1060 01-2020-1061 01-2020-1062 01-2020-1063

图书在版编目(CIP)数据

显生宙. 中生代. 3 / 日本朝日新闻出版著 ; 徐奕,
贺璐婷译. -- 北京 : 人民文学出版社, 2021(2024.1 重印)
(46亿年的奇迹 : 地球简史)
ISBN 978-7-02-016105-8

I. ①显… II. ①日… ②徐… ③贺… III. ①中生代
—普及读物 IV. ①P534.4-49

中国版本图书馆CIP数据核字(2020)第026558号

总 策 划 黄育海
责任编辑 卜艳冰 胡晓明
装帧设计 汪佳诗 钱 珺 李苗苗

出版发行 人民文学出版社
社 址 北京市朝内大街166号
邮政编码 100705

印 制 凸版艺彩(东莞)印刷有限公司
经 销 全国新华书店等

字 数 233千字
开 本 965毫米×1270毫米 1/16
印 张 9
版 次 2021年1月北京第1版
印 次 2024年1月第7次印刷

书 号 978-7-02-016105-8
定 价 115.00元

如有印装质量问题，请与本社图书销售中心调换。电话：010-65233595